Sherin Mahfouze
Heba Mahfouze

Esboço da biotecnologia

Sherin Mahfouze
Heba Mahfouze

Esboço da biotecnologia

Biotecnologia Agrícola e Engenharia Genética

ScienciaScripts

Cover image: www.ingimage.com

This book is a translation from the original published under ISBN 978-3-659-83575-9.

Publisher:
Sciencia Scripts
is a trademark of
Dodo Books Indian Ocean Ltd. and OmniScriptum S.R.L publishing group

120 High Road, East Finchley, London, N2 9ED, United Kingdom
Str. Armeneasca 28/1, office 1, Chisinau MD-2012, Republic of Moldova, Europe
Printed at: see last page
ISBN: 978-620-8-27978-3

Conteúdo

Resumo:

A biotecnologia é uma área de produção e investigação na qual os sistemas biológicos e os princípios biológicos são utilizados para resolver problemas tecnológicos. As aplicações de herbicidas, pesticidas e fertilizantes aumentaram consideravelmente o rendimento das culturas no passado. No entanto, mais recentemente, o rendimento das culturas mal está a acompanhar o crescimento mundial, daí a necessidade de novas abordagens. É provável que a biotecnologia agrícola desempenhe um papel fundamental na corrida para alimentar a população mundial em expansão com menos factores de produção e em cada vez menos terras disponíveis. A engenharia genética das plantas representa a fase seguinte da evolução dos nossos esforços contínuos para melhorar as plantas utilizadas na produção de géneros alimentícios e de alimentos para animais. A biotecnologia agrícola é uma técnica poderosa que oferece um grande potencial para a sustentabilidade agrícola e a produção segura de alimentos com maior valor nutritivo, melhor sabor, frescura prolongada e até propriedades de combate a doenças, mas não está isenta de controvérsia. É discutido o potencial das culturas transgénicas para aliviar a fome humana e as controvérsias que se baseiam invariavelmente em visões da nova tecnologia a partir de perspectivas éticas muito diferentes que dividiram tanto o público como as comunidades científicas. No entanto, para a sua adoção e aceitação, é fundamental fornecer aos consumidores informações precisas e de qualidade por parte dos cientistas, dos decisores políticos e da indústria.

Introdução:

A biotecnologia não é nova. O queijo, o pão, as bebidas alcoólicas e o iogurte são produtos da biotecnologia (tradicional) e são conhecidos há séculos. Mas os recentes desenvolvimentos no domínio da biologia molecular deram à biotecnologia um novo significado, uma nova importância e um novo potencial. É a biotecnologia (moderna) que captou a atenção do público e pode ter um efeito dramático na economia mundial e na sociedade. A engenharia genética, que é um exemplo da biotecnologia moderna, é o processo de transferência de genes individuais entre organismos ou de modificação dos genes de um organismo para remover ou acrescentar um traço ou uma caraterística desejados. Através da engenharia genética, formam-se culturas ou organismos geneticamente modificados (GM). Estas culturas GM ou OGM são utilizadas para produzir alimentos derivados da biotecnologia. É este tipo específico de biotecnologia moderna que parece gerar mais atenção e preocupação por parte dos consumidores e grupos de consumidores. O que é interessante é o facto de a biotecnologia moderna ser muito mais precisa do que as formas tradicionais de biotecnologia. Permite a transferência de apenas um ou poucos genes desejáveis, permitindo assim que os cientistas desenvolvam culturas com caraterísticas benéficas específicas e caraterísticas indesejáveis reduzidas. A biotecnologia tradicional, como a polinização cruzada no milho, produz numerosas alterações não selectivas. Na verdade, pode dizer-se com mais exatidão que teve origem com a publicação do artigo de Cohen e Boyer em 1973. Desde então, o domínio da biotecnologia agrícola (Ag Biotech) tem crescido rapidamente ao longo do último meio século. A biotecnologia agrícola moderna ofereceu oportunidades para produzir alimentos mais nutritivos e com melhor sabor, colheitas com maior rendimento e plantas naturalmente protegidas contra doenças e insectos. As modificações genéticas produziram frutos que podem amadurecer na videira para um melhor sabor, mas que têm uma vida útil mais longa devido ao atraso na degradação da pectina. Do mesmo modo, a introdução de genes que aumentam em três vezes os níveis de ferro disponíveis no arroz é um remédio potencial para a deficiência de ferro, uma doença que afecta mais de dois mil milhões de pessoas e causa anemia em cerca de metade desse número. A maioria dos queijos duros actuais é feita com uma enzima biotecnológica chamada quimosina, produzida por bactérias geneticamente modificadas que são consideradas mais puras e abundantes do que a sua contraparte natural, o coalho, que é derivado do tecido do estômago do vitelo (**Kass, 2005**). Mais ainda, o teor de amido da batata Russet Burbank foi aumentado com sucesso em 1992, pela Monsanto Company, através da transferência de genes. Este gene de uma bactéria aumentou o teor de amido da batata. A vantagem é que o maior teor de amido reduz a absorção de óleo durante a fritura, diminuindo assim o custo de processamento de batatas fritas e chips, com uma redução concomitante do teor de gordura no produto acabado (**Ubalua, 2009**).

Biotecnologia agrícola:

Todos os organismos vivos têm a capacidade de se aperfeiçoar através de meios naturais para se adaptarem a condições ambientais em mudança. No entanto, são necessárias centenas de anos para se obter qualquer melhoria detetável. O homem aprendeu então a domesticar e a criar plantas para desenvolver culturas ao seu gosto e às suas necessidades, utilizando vários meios, incluindo a biotecnologia. A biotecnologia é definida como um conjunto de ferramentas que utiliza organismos vivos (ou partes de organismos) para fabricar ou modificar um produto, melhorar plantas, árvores ou animais, ou desenvolver microrganismos para utilizações específicas. Biotecnologia agrícola é o termo utilizado no melhoramento de culturas e animais através de ferramentas biotecnológicas. A presente monografia centrar-se-á apenas na biotecnologia das culturas agrícolas. A biotecnologia engloba uma série de ferramentas e elementos de técnicas convencionais de melhoramento, bioinformática, microbiologia, genética molecular, bioquímica, fisiologia vegetal e biologia molecular **(Slater *et al.*, 2003)**. As ferramentas biotecnológicas que são importantes para a biotecnologia agrícola incluem:

1- Cultivo convencional de plantas.

2- Cultura de tecidos e micropropagação.

3- Melhoramento molecular ou seleção assistida por marcadores.

4- Engenharia genética e culturas geneticamente modificadas.

5- Ferramentas de diagnóstico molecular

Capítulo 1. Melhoramento convencional de plantas:

Desde o início da agricultura, há oito a dez mil anos, os agricultores têm vindo a alterar a composição genética das culturas que cultivam. Os primeiros agricultores seleccionavam as plantas e sementes com melhor aspeto e guardavam-nas para plantar no ano seguinte. A seleção de caraterísticas como crescimento mais rápido, maior rendimento, resistência a pragas e doenças, sementes maiores ou frutos mais doces alterou drasticamente as espécies de plantas domesticadas em comparação com os seus parentes selvagens. O melhoramento vegetal surgiu quando o homem aprendeu que as plantas cultivadas podiam ser acasaladas artificialmente ou objeto de polinização cruzada para poder melhorar os caracteres da planta. As caraterísticas desejáveis de diferentes plantas progenitoras podiam ser combinadas na descendência (**DeVries e Toenniessen 2001**). Garantir a colheita: Biotecnologia, melhoramento e sistemas de sementes para as culturas africanas. Fundação Rockefeller, Nova Iorque. EUA. Quando a ciência do melhoramento de plantas foi mais desenvolvida no século XX, os melhoradores de plantas compreenderam melhor como selecionar plantas superiores e reproduzi-las para criar variedades novas e melhoradas de diferentes culturas. Isto aumentou drasticamente a produtividade e a qualidade das plantas que cultivamos para alimentação humana, animal e de fibras. O melhoramento convencional de plantas (**Fig. 1**) tem sido o método utilizado para desenvolver novas variedades de culturas durante centenas de anos. No entanto, o melhoramento convencional de plantas já não consegue sustentar a procura global com o aumento da população, o declínio dos recursos agrícolas, como a terra e a água, e a aparente estabilização da curva de rendimento das culturas de base. Assim, devem ser desenvolvidas e utilizadas novas tecnologias de melhoramento das culturas (**Kunz, 2002**).

1.1. Reprodução de mutações:

A arte de reconhecer as caraterísticas desejáveis e de as incorporar nas gerações futuras é muito importante no melhoramento de plantas. Os criadores inspeccionam os seus campos e percorrem longas distâncias à procura de plantas individuais que apresentem caraterísticas desejáveis. Algumas destas caraterísticas surgem ocasionalmente de forma espontânea através de um processo chamado mutação, mas a taxa natural de mutação é muito lenta e pouco fiável para produzir plantas que os criadores gostariam de ver. No final da década de 1920, os investigadores descobriram que podiam aumentar consideravelmente o número destas variações ou mutações expondo as plantas a raios X e a produtos químicos indutores de mutação. A "criação de mutações" acelerou-se após a Segunda Guerra Mundial, quando as técnicas da era nuclear se tornaram amplamente disponíveis. As plantas foram expostas a raios gama, protões, neutrões, partículas alfa e partículas beta para ver se estas induziam mutações úteis. Produtos químicos como a azida de sódio e o metanossulfonato de etilo foram também utilizados para provocar mutações. Os esforços de reprodução de mutações continuam atualmente em todo o mundo. Das 2.252 variedades derivadas de mutações oficialmente libertadas, 1.019, ou seja, quase metade, foram libertadas nos últimos 15 anos. Algumas variedades de trigo, cevada, arroz, batatas, soja, cebolas e outras foram produzidas através do melhoramento por mutação com caraterísticas agronomicamente desejáveis **(Schnable e Wise 1998).**

1.2. Tecnologia de sementes de linhas puras e híbridas:

O resultado final do melhoramento vegetal é uma variedade de polinização aberta (OP para o milho) ou consanguínea (para o arroz) ou uma variedade híbrida F1 (primeira geração filial). As variedades OP e consanguíneas, quando mantidas e corretamente selecionadas e produzidas, mantêm as mesmas caraterísticas quando multiplicadas. As sementes híbridas melhoram as sementes de variedades de variedades puras e consanguíneas em termos de rendimento, resistência a pragas e doenças e tempo de maturação. As sementes híbridas são desenvolvidas através da hibridação ou do cruzamento de linhas parentais relacionadas entre si. As linhas puras são descendentes de vários ciclos de autopolinização repetida que "se reproduzem" ou produzem descendentes sexuais que se assemelham muito aos seus progenitores. O desenvolvimento de linhas puras implica, em primeiro lugar, a seleção de linhas no germoplasma existente que expressem as caraterísticas desejadas, como a resistência a pragas e doenças, a maturidade precoce, o rendimento e outras. Estas caraterísticas podem não estar presentes numa única linha, pelo que as linhas selecionadas são reproduzidas manualmente. Nas plantas autopolinizadas, as flores são emasculadas através da remoção manual das anteras ou da parte masculina da flor, e são polinizadas pelo pólen de outra linha. O progenitor feminino é normalmente a linha que possui a caraterística agronómica desejada, enquanto o progenitor masculino é o dador da nova caraterística **(Eckart, 2006)**. Os descendentes da F1 (primeira geração filial) são plantados e autofecundados, assim como a geração F2 (**Fig. 2**). Os criadores selecionam então, nas gerações F3 e F4, as linhas que apresentam as caraterísticas agronómicas desejadas e a caraterística adicionada. Os testes de resistência a pragas e stress abiótico são também efectuados nesta altura. As linhas com as caraterísticas desejadas e classificadas como intermédias a resistentes/tolerantes às pragas e aos stresses abióticos são selecionadas e autofecundadas em mais duas ou três gerações. As linhas que não perdem as novas caraterísticas e são estáveis são denominadas linhas puras e estáveis **(Schnable e Wise 1998)**.

Capítulo 2. Cultura de Tecidos e Micropropagação:

As plantas reproduzem-se normalmente por via sexual, têm flores e sementes para criar a geração seguinte. Os óvulos nas flores são fertilizados pelo pólen dos progenitores (em culturas de autopolinização) ou de formas novas e imprevisíveis, criando organismos únicos (em culturas de polinização cruzada). Algumas plantas e árvores, por outro lado, precisam de vários anos antes de florescerem e darem sementes, o que dificulta o melhoramento das plantas. Os cientistas de plantas desenvolveram a ciência e a arte da cultura de tecidos para ajudar os criadores nesta tarefa. A cultura de tecidos é o cultivo de células, tecidos ou órgãos de plantas em meios nutritivos especialmente formulados. Sob as condições certas, uma planta inteira pode ser regenerada a partir de uma única célula (**George *et al.*, 2007**). A cultura de tecidos vegetais é uma técnica que existe há mais de 30 anos. Existem vários tipos de cultura de tecidos, consoante a parte da planta (explante) utilizada (**Vasil e Thorpe 1994**; **Neumann, 2006**).

Fig. 1. A reprodução convencional implica a hibridação sexual seguida de uma seleção cuidadosa.

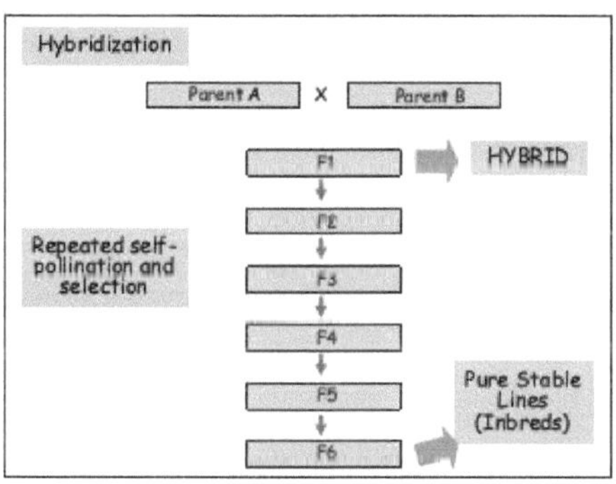

Fig. 2. Desenvolvimento de uma linha pura (linha pura) (**Alfonso, 2007**).

1.3. A micropropagação envolve as seguintes fases principais:

Fase 0: Seleção e manutenção de plantas-mãe para início da cultura (3 meses).

Fase I: Preparação e estabelecimento de explantes num meio de cultura adequado (3-24 meses) (geralmente utilizam-se pontas de rebentos e gemas axilares).

Fase II: Regeneração: multiplicação de rebentos ou embriões somáticos num meio de cultura definido (10-36 meses).

Fase III: Enraizamento dos rebentos regenerados/embriões somáticos *in vitro* (1-6 semanas).

Fase IV: Transferência das plântulas para solo esterilizado para endurecimento em ambiente de estufa.

A cultura de anteras (**Fig. 3**) é um método de cultura de tecidos utilizado para desenvolver variedades melhoradas num curto espaço de tempo. O pólen de uma antera contém meia dose do genoma (haploide) que se duplica espontaneamente (diploide) durante a cultura. Em algumas espécies, no entanto, é necessário um tratamento com colchicina para induzir a duplicação. A duplicação do genoma permitirá a expressão de caraterísticas recessivas que foram suprimidas, mascaradas ou não detectadas no melhoramento vegetal de rotina. As anteras são colocadas num meio especial, e o pólen imaturo dentro da antera divide-se e produz uma massa de células em divisão denominada calo. Os calos saudáveis (plural de calo) são colhidos e colocados noutro meio para produzir rebentos e raízes (regeneração) **(Cardoza, 2008)**. As plântulas estáveis podem crescer e amadurecer na estufa. Os cultivadores de plantas podem então selecionar as plantas desejadas de entre as plantas regeneradas. A cultura de anteras de plantas F1 que são descendentes de um objetivo específico de reprodução permitiria muitos mais tipos diferentes de regenerantes. Isto deve-se ao facto de a constituição genética do pólen ser mais variada do que a das plantas endogâmicas, pelo que os obtentores terão uma gama mais vasta de caraterísticas por onde escolher. Esta tecnologia tem sido utilizada no desenvolvimento bem sucedido de linhas duplamente haplóides de arroz, trigo, sorgo, cevada e outras culturas de campo (**Desamero, 2007**).

1.4. Resgate de embriões:

Implica a cultura de embriões imaturos de plantas num meio especial para evitar o aborto do embrião jovem e apoiar a sua germinação (**Fig. 4**). Este método é utilizado rotineiramente na criação de linhas parentais com genomas diferentes ou incompatíveis, tal como na introdução de caraterísticas importantes de parentes selvagens em culturas cultivadas. O desenvolvimento de um novo tipo de planta de arroz para a África Ocidental (NERICA - New Rice for Africa) foi o resultado de amplos cruzamentos entre o arroz asiático *Oryza sativa* e o arroz africano *Oryza glaberrima*. Utiliza o salvamento de embriões na reprodução inicial e no trabalho sucessivo de retrocruzamento seguido de cultura de anteras para estabilizar as linhas de reprodução. As novas plantas combinaram caraterísticas de rendimento do progenitor sativa com caraterísticas de adaptação local do *glaberrima*. Os arrozes selvagens são uma fonte rica de caraterísticas de resistência a pragas e stress abiótico. No Instituto Internacional de Investigação do Arroz, a recuperação de embriões é utilizada e facilitou a transferência de genes de resistência ao míldio bacteriano do arroz selvagem *Oryza longistaminata* para a variedade IR24, dando origem a uma linha resistente ao míldio bacteriano (IRBB21). *Oryza rufipogon* é uma fonte de resistência ao tungro para uma série de variedades de arroz. A cultura de tecidos vegetais pertence ao nível mais baixo da escala da biotecnologia agrícola. Mas a capacidade da planta para regenerar uma nova planta é um requisito importante para o desenvolvimento de culturas melhoradas através da biotecnologia agrícola. A cultura de tecidos vegetais é uma técnica simples e muitos países em desenvolvimento já a dominam. A sua aplicação requer apenas um local de trabalho, um viveiro e uma estufa estéreis, bem como mão de obra qualificada. Infelizmente, a cultura de tecidos é trabalhosa, consome muito tempo e pode ser dispendiosa **(Alfonso, 2007; Desamero, 2007)**.

Capítulo 3. Reprodução molecular e seleção assistida por marcadores:

O processo de desenvolvimento de novas variedades de culturas requer muitas etapas e pode demorar quase 25 anos. Atualmente, porém, as aplicações da biotecnologia agrícola reduziram consideravelmente o tempo necessário para as colocar no mercado. Atualmente, são necessários 7 a 10 anos para o desenvolvimento de novas variedades de culturas. Os diferentes traços e caraterísticas físicas das plantas estão codificados no material genético da planta, o ácido desoxirribonucleico (ADN). O ADN encontra-se em pares de cromossomas (cadeias de material genético), um proveniente de cada progenitor. Os genes, que controlam as caraterísticas da planta, são segmentos específicos de cada cromossoma. O conjunto de todos os genes da planta constitui o seu genoma. Algumas caraterísticas, como a cor da flor, podem ser controladas por apenas um gene. Outras caraterísticas mais complexas, no entanto, como o rendimento da colheita ou o teor de amido, podem ser influenciadas por muitos genes. Tradicionalmente, os criadores de plantas selecionam as plantas com base nos seus traços visíveis ou mensuráveis, designados por fenótipo. No entanto, este processo pode ser difícil, lento, influenciado pelo ambiente e dispendioso - não só no desenvolvimento em si, mas também para a economia, uma vez que os agricultores sofrem perdas de colheitas (**Odland *et al.*, 2006**).

Como atalho, os criadores de plantas utilizam agora a seleção assistida por marcadores moleculares. Para ajudar a identificar genes específicos, os cientistas utilizam os chamados marcadores moleculares, que são cadeias curtas ou sequências de ácido nucleico que constituem um segmento de ADN. Os marcadores estão localizados perto da sequência de ADN do gene desejado (**Fig. 5**). Uma vez que os marcadores e os genes estão próximos uns dos outros no mesmo cromossoma, tendem a manter-se juntos à medida que cada geração de plantas é produzida. A isto chama-se ligação genética. Esta ligação ajuda os cientistas a prever se uma planta terá o gene desejado. Se os investigadores conseguirem encontrar o marcador para o gene, isso significa que o próprio gene está presente (**Alfonso, 2007**). À medida que os cientistas aprendem onde cada um dos marcadores ocorre num cromossoma, e quão perto está

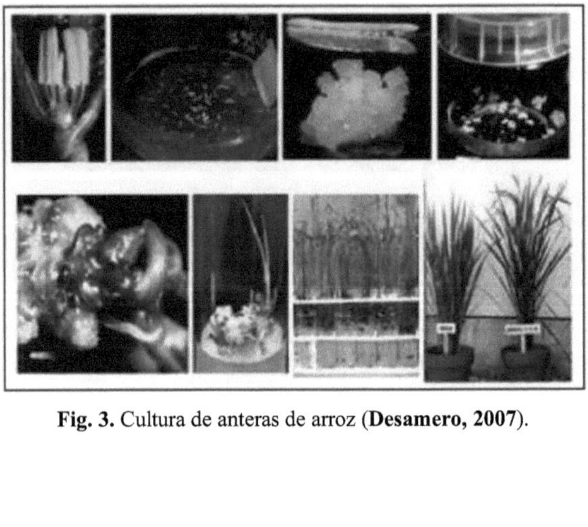

Fig. 3. Cultura de anteras de arroz (**Desamero, 2007**).

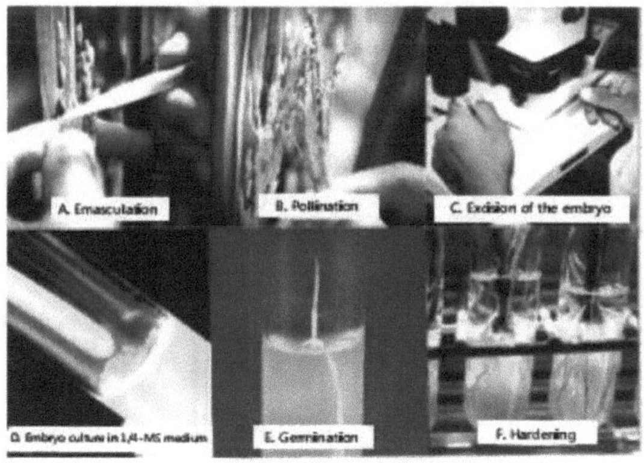

Fig. 4. Resgate de embriões **(Alfonso, 2007)**.

para um gene específico, podem criar um mapa dos marcadores e genes em cromossomas específicos. Este mapa de ligação genética mostra a localização de marcadores e genes, e a sua distância de outros genes conhecidos. Os cientistas podem produzir mapas detalhados numa só geração de melhoramento de plantas. Anteriormente, os cientistas produziam mapas genéticos muito simples utilizando técnicas convencionais. Foi observado há muito tempo que, à medida que as gerações de plantas eram cruzadas, algumas caraterísticas apareciam consistentemente juntas nas novas gerações (ligação genética). No entanto, como os investigadores se podiam concentrar apenas em algumas caraterísticas em cada tentativa de cruzamento, eram necessários muitos cruzamentos para obter um mapa genético muito simples. Utilizando mapas genéticos muito detalhados e um melhor conhecimento da estrutura molecular do ADN de uma planta, os investigadores podem analisar um pequeno pedaço de tecido de uma plântula recém germinada. Não precisam de esperar que a plântula cresça e se torne numa planta adulta para testar a presença de uma caraterística específica. Uma vez que o tecido é analisado através de técnicas moleculares, os cientistas sabem se aquela plântula contém o gene apropriado. Se não contiver, podem avançar rapidamente e concentrar a análise noutra plântula, acabando por trabalhar apenas com as plantas que contêm a caraterística específica. Atualmente, o melhoramento assistido por marcadores moleculares, uma ferramenta da biotecnologia agrícola, é já um passo de rotina no melhoramento da maioria das culturas em que o gene e os marcadores de uma caraterística específica são conhecidos. Esta técnica está a ser utilizada na introgressão eficiente de genes importantes no arroz, como a resistência ao míldio bacteriano, o aumento do teor de beta-caroteno e a tolerância à submersão, para citar alguns. Os marcadores moleculares são também utilizados para determinar o perfil genético de uma linha ou variedade. Utilizam-se iniciadores aleatórios para analisar a constituição genómica da planta através de métodos moleculares. A informação é introduzida num programa informático que analisará a relação de parentesco de uma linha com outra. A informação sobre a diversidade genética das linhas é utilizada na seleção de progenitores extremamente não aparentados, úteis para a tecnologia de sementes híbridas. A informação também fornecerá pormenores sobre a ascendência da linha, as possíveis caraterísticas e a identidade única da planta, úteis para a base de dados da coleção de germoplasma (**Rines *et al.*, 2006; Odland *et al.*, 2006**). Deve notar-se, no entanto, que o melhoramento molecular através da seleção assistida por marcadores tem um âmbito algo limitado em comparação com a engenharia ou modificação genética porque 1) só funciona para caraterísticas já presentes numa cultura; 2) não pode ser utilizado eficazmente para criar culturas com um longo tempo de geração (por exemplo, citrinos); e 3) não pode ser utilizado eficazmente com culturas que são propagadas clonalmente porque são estéreis ou os seus descendentes não se assemelham aos pais. Isto inclui muitos alimentos básicos como inhame, banana, banana-da-terra, batata-doce e mandioca **(Phillips, 2006)**.

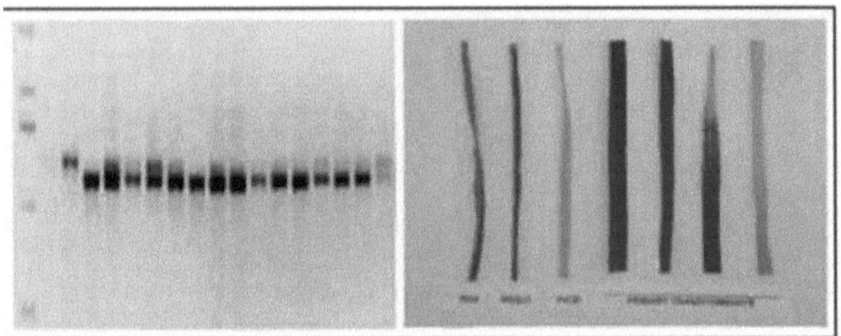

Fig. 5. Melhoramento assistido por marcadores moleculares **(Alfonso, 2007)**.

Capítulo 4. Engenharia genética e culturas geneticamente modificadas (GM):

Nos últimos 30 anos, o domínio da biotecnologia agrícola desenvolveu-se rapidamente devido à maior compreensão do ADN como o código químico de dupla hélice a partir do qual os genes são produzidos. A engenharia genética é um dos instrumentos modernos da biotecnologia agrícola que se baseia na tecnologia do ADN recombinante. O termo engenharia genética, frequentemente trocado por termos como tecnologia genética, modificação genética ou manipulação genética, é utilizado para descrever o processo através do qual a composição genética de um organismo pode ser alterada utilizando a "tecnologia do ADN recombinante". Isto envolve a utilização de ferramentas de laboratório e enzimas específicas para cortar, inserir e alterar pedaços de ADN que contêm um ou mais genes de interesse (**Kumar e Sopory 2007**). A capacidade de manipular genes individuais e de transferir genes entre espécies que não se cruzariam facilmente é o que distingue a engenharia genética do cultivo tradicional de plantas. Com o melhoramento convencional de plantas, há pouca ou nenhuma garantia de obter uma combinação genética específica a partir dos milhões de cruzamentos gerados. Os genes indesejáveis podem ser transferidos juntamente com os genes desejáveis ou, ao mesmo tempo que se ganha um gene desejável, perde-se outro, porque os genes de ambos os progenitores são misturados e reordenados de forma mais ou menos aleatória na descendência. Estes problemas limitam os melhoramentos que os criadores de plantas podem alcançar, consumindo tempo e fundos ao longo do processo (**Fig. 6**). Em contrapartida, a engenharia genética permite a transferência direta de um ou apenas alguns genes, entre organismos aparentados próximos ou distantes. Nem todas as técnicas de engenharia genética envolvem a inserção de ADN de outros organismos. As plantas também podem ser modificadas através da remoção ou desativação de determinados genes e controlos genéticos (promotores) (**Kumar e Sopory 2007).**

Capítulo 5. Aplicação da engenharia genética na produção vegetal:

As técnicas de engenharia genética só são utilizadas quando todas as outras técnicas foram esgotadas e quando: 1) a caraterística a introduzir não está presente no germoplasma da cultura; 2) a caraterística é muito difícil de melhorar através de métodos de seleção convencionais; e 3) a introdução e/ou melhoria dessa caraterística na cultura através de métodos de seleção convencionais demorará muito tempo (**Fig. 7**). O melhoramento vegetal moderno é um processo multidisciplinar e coordenado em que se utiliza e integra um grande número de instrumentos e elementos das técnicas de melhoramento convencionais, da bioinformática, da bioquímica, da genética molecular, da biologia molecular e da engenharia genética.

5.1. Desenvolvimento de culturas transgénicas:

Embora a engenharia genética envolva muitas técnicas diversas e complexas, os seus princípios básicos são razoavelmente simples. No entanto, é muito importante conhecer os mecanismos bioquímicos e fisiológicos de ação, a regulação da expressão genética e a segurança do gene e do produto genético a utilizar. O processo de engenharia genética requer a conclusão bem-sucedida de uma série de seis etapas (**Danida, 2002; Ji *et al.*, 2016**).

5.2. Engenharia genética e tecnologia genética:

Desde a década de 1970, registaram-se desenvolvimentos consideráveis nos métodos e técnicas utilizados para estudar os processos biológicos a nível molecular. A descoberta das enzimas de restrição e da técnica de transformação durante este período constituiu um avanço decisivo que permitiu aos cientistas cortar, emendar e alterar o ADN, a molécula que transporta os esquemas da vida. Isto levou ao isolamento de uma sequência única de ADN de um organismo, através da quebra da molécula de ADN em dois locais desejáveis, e à sua inserção numa posição desejada noutra molécula de ADN de um organismo completamente diferente, para formar ADN recombinante, sendo a técnica envolvida designada por técnica do ADN recombinante. Esta técnica é também designada por engenharia genética devido ao seu potencial para criar novas combinações genéticas. Utilizando esta técnica, uma única cópia de um gene ou ADN pode ser isolada e clonada num número indefinido de cópias idênticas, o que é conhecido como clonagem de genes (**Lemaux, 2008, 2009**).

As etapas básicas envolvidas na técnica do ADN recombinante podem ser descritas da seguinte forma:

1. Isolamento do fragmento de ADN desejado ou do gene de interesse.
2. Inserção do gene isolado num vetor adequado.
3. Introdução desta molécula recombinante na célula hospedeira por transformação.
4. Seleção de células hospedeiras transformadas.
5. Multiplicação e expressão do gene introduzido no hospedeiro.

Para explicar estes passos da clonagem de genes, é essencial compreender algumas técnicas básicas que são discutidas de seguida.

-Eletroforese em gel: A eletroforese em gel é uma técnica utilizada para separar moléculas com base em caraterísticas físicas como o tamanho, a forma ou o ponto isoelétrico. Um gel é composto por agarose ou poliacrilamida. A agarose é utilizada para separar fragmentos de ADN com tamanhos compreendidos entre 100 pb e 20 kb. A poliacrilamida é preferida para fragmentos de ADN mais pequenos. A separação é conseguida movendo as moléculas de ácido nucleico carregadas negativamente através da matriz de agarose com um campo elétrico. A taxa de migração das moléculas de ADN é inversamente proporcional ao seu peso molecular. Os fragmentos mais pequenos

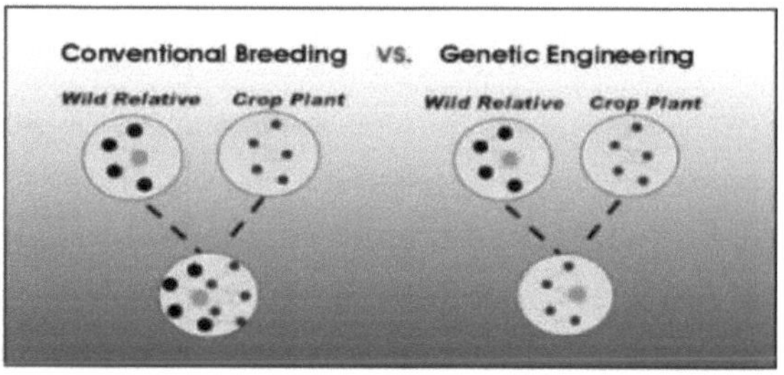

Fig. 6. Engenharia convencional vs. engenharia genética.

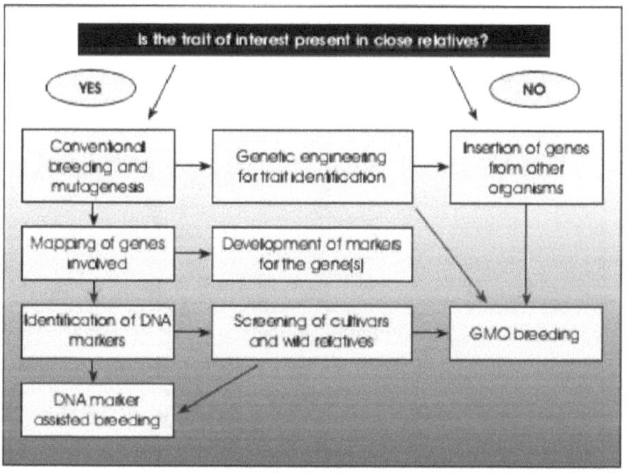

Fig. 7. Integração de métodos biotecnológicos convencionais e modernos no melhoramento de culturas **(Danida, 2002)**.

- **Enzimas de restrição**: As endonucleases de restrição são enzimas que clivam a ligação fosfodiéster dentro de uma cadeia polinucleotídica. As ligações químicas que as enzimas clivam podem ser reformadas por outras enzimas conhecidas como ligases, de modo a que os fragmentos de restrição gerados a partir de genes diferentes possam ser unidos. Estas enzimas clivam o ADN em locais específicos e as suas sequências de reconhecimento ou têm dois eixos de simetria rotacional ou são palindrómicas (ou seja, a sequência numa cadeia lê-se na mesma direção na cadeia complementar).

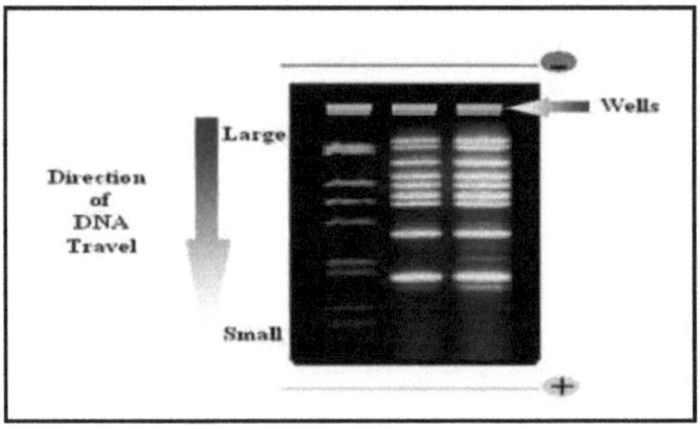

Fig. 8: Eletroforese do ADN em gel de agarose (gel corado com brometo de etídio que mostra a migração das moléculas de ADN).

A Fig. (9) explica a ação da enzima de restrição *EcoRI*. Estas enzimas são frequentemente utilizadas na engenharia genética para produzir ADN recombinante para introdução em células bacterianas, vegetais ou animais **(Nicholl, 994)**.

- **Sequenciação de ADN**: O termo Sequenciação de ADN engloba métodos bioquímicos para determinar a ordem das bases nucleotídicas, adenina, guanina, citosina e timina, num oligonucleótido de ADN. Atualmente, existem dois tipos de métodos de sequenciação de ADN (**Nicholl, 1994**):

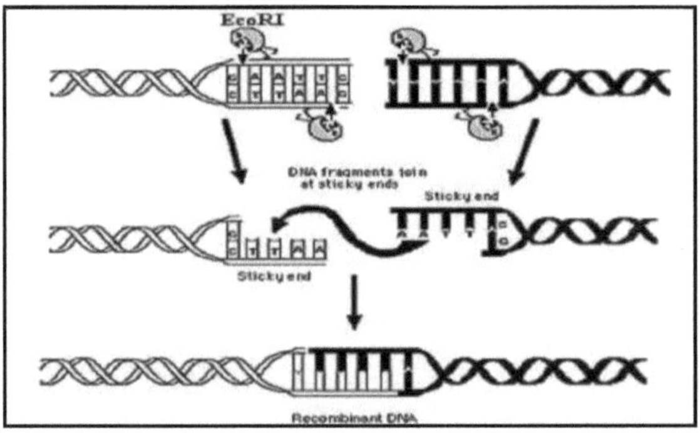

Fig. 9: Mecanismo de restrição com a endonuclease *EcoRI*.

1. **Sequenciação Maxam-Gilbert**: Em 1976-1977, Allan Maxam e Walter Gilbert desenvolveram um método de sequenciação de ADN baseado na modificação química do ADN e subsequente clivagem em bases específicas. O método requer a marcação radioactiva de uma extremidade e a purificação do fragmento de ADN a sequenciar. O tratamento químico gera quebras numa pequena proporção de uma ou duas das quatro bases nucleotídicas em cada uma das quatro reacções (G, A+G, C, C+T). Assim, é gerada uma série de fragmentos marcados, desde a extremidade marcada com rádio até ao primeiro local de "corte" em cada molécula. Os fragmentos são depois separados por eletroforese em gel, com as quatro reacções dispostas lado a lado. Para visualizar os fragmentos gerados em cada reação, o gel é exposto a uma película de raios X para autorradiografia, produzindo uma imagem de uma série de "bandas" escuras correspondentes aos fragmentos de ADN marcados com rádio, a partir dos quais se deduz a sequência (**Maxam e Gilbert 1977**).

2. **Método de Sanger e Coulson**: O método do terminador de cadeia desenvolvido por Sanger era mais eficiente e rapidamente se tornou o método de eleição. A técnica de Maxam-Gilbert requer a utilização de produtos químicos altamente tóxicos e grandes quantidades de ADN radiomarcado, ao passo que o método do terminador de cadeia utiliza menos produtos químicos tóxicos e menores quantidades de radioatividade. O princípio fundamental do método de Sanger foi a utilização de trifosfatos de nucleótidos didesoxi (ddNTPs) como terminadores de cadeias de ADN. O método clássico de terminação em cadeia requer um molde de ADN de cadeia simples, um iniciador de ADN, uma polimerase de ADN, nucleótidos marcados radioactivamente ou por fluorescência e nucleótidos modificados que terminam o alongamento da cadeia de ADN (**Sanger *et al.*, 1977**). A amostra de ADN é dividida em quatro reacções de sequenciação separadas, contendo os quatro desoxinucleótidos padrão (dATP, dGTP, dCTP e dTTP) e a ADN polimerase. A cada reação é adicionado apenas um dos quatro dideoxinucleótidos (ddATP, ddGTP, ddCTP ou ddTTP). Estes dideoxinucleótidos são os nucleótidos que terminam a cadeia, não possuindo um grupo 3'-OH necessário para a formação de uma ligação fosfodiéster entre dois nucleótidos durante o alongamento da cadeia de ADN. A incorporação de um didesoxinucleótido na cadeia de ADN nascente (em alongamento) termina assim a extensão da cadeia de ADN, dando origem a vários fragmentos de ADN de comprimento variável. Os dideoxinucleótidos são adicionados a uma concentração mais baixa do que os desoxinucleótidos padrão para permitir o alongamento da cadeia suficiente para a análise da sequência. Os fragmentos de ADN recentemente sintetizados e marcados são desnaturados pelo calor e separados por tamanho (com uma resolução de apenas um nucleótido), por eletroforese em gel de poliacrilamida-ureia desnaturante. Cada uma das quatro reacções de síntese de ADN é executada numa das quatro pistas individuais (pistas A, T, G, C); as bandas de ADN são então visualizadas por autorradiografia ou luz UV, e a sequência de ADN pode ser lida diretamente na película de raios X ou na imagem do gel. A base nucleotídica terminal pode ser identificada de acordo com o dideoxinucleótido que foi adicionado na reação que originou essa banda. As posições relativas das diferentes bandas entre as quatro pistas são então utilizadas para ler (de baixo para cima) a sequência de ADN **(Fig. 10)**.

Capítulo 6. O processo de engenharia genética requer a conclusão bem-sucedida de uma série de seis etapas.

6.1. Etapa 1. Extração de ácido nucleico (ADN/ARN):

A extração de ácidos nucleicos, quer se trate de ADN ou de ácido ribonucleico (ARN), é o primeiro passo no processo de engenharia genética. Por conseguinte, é importante que existam métodos fiáveis para isolar estes componentes da célula. Em qualquer procedimento de isolamento, o passo inicial é a rutura da célula do organismo desejado, que pode ser viral, bacteriana ou vegetal, a fim de extrair o ácido nucleico. Após uma série de etapas químicas e bioquímicas, o ácido nucleico extraído pode ser precipitado para formar pellets de ADN/ARN em forma de fio.

6.2. Passo 2. Clonagem de genes:

O segundo passo é a clonagem de genes. Existem basicamente quatro fases em qualquer experiência de clonagem: geração de fragmentos de ADN, ligação a um vetor, propagação numa célula hospedeira e seleção da sequência necessária. Na extração de ADN, todo o ADN do organismo desejado é extraído. Este ADN genómico é tratado com enzimas específicas, chamadas enzimas de restrição, que o cortam em fragmentos mais pequenos com extremidades definidas para permitir a sua clonagem em vectores bacterianos. Cópias do vetor irão então abrigar muitas inserções diferentes do genoma. Estes vectores são transformados em células bacterianas e são produzidas milhares de cópias (**Fig. 11**). Utilizando informações relacionadas com sequências específicas de marcadores moleculares e o fenótipo desejado, o vetor que contém a sequência desejada é detectado, selecionado, isolado e são produzidos clones. As enzimas de restrição são novamente utilizadas para determinar se a inserção do gene desejado foi clonada completa e corretamente (**Watson e James 2007**).

6.3. Etapa 3. Conceção e acondicionamento do gene:

Uma vez clonado o gene de interesse, este tem de ser ligado a pedaços de ADN que controlarão a sua expressão dentro da célula vegetal (**Fig. 12**). Estes pedaços de ADN activam (promotor) e desactivam (terminador) a expressão do gene inserido. O desenho/empacotamento de genes pode ser feito através da substituição de um promotor existente por um novo, da incorporação de um gene marcador selecionável e de um gene repórter, da adição de fragmentos de potenciadores de genes, de intrões e de sequências de localização de organelos, entre outros (**Tabien, 2000**).

Promotores:

Os promotores permitem a expressão diferencial dos genes. Por exemplo, alguns promotores fazem com que os genes inseridos sejam expressos a todo o momento, em todas as partes da planta (constitutivos), enquanto outros permitem a expressão apenas em determinadas fases do crescimento da planta, em determinados tecidos da planta ou em resposta a sinais ambientais externos. A quantidade do produto do gene a ser expresso também é controlada pelo

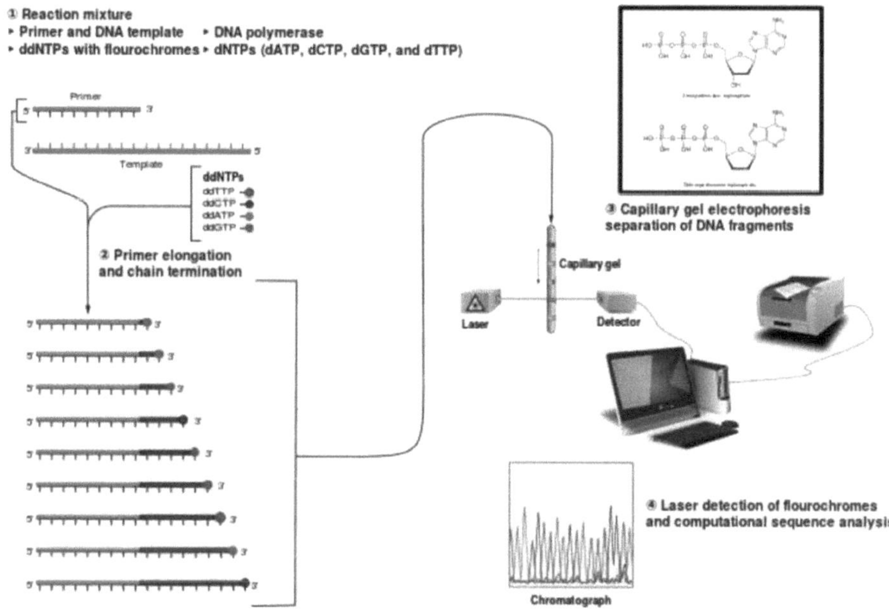

Fig. 10. O método de Sanger (terminação de cadeia) para a sequenciação de ADN.

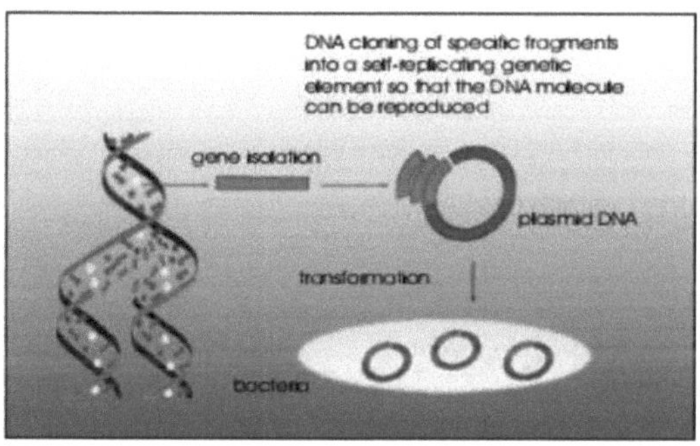

Fig. 11. Clonagem de genes (**Tabien, 2000**).

promotor. Alguns promotores são fracos, enquanto outros são fortes. O controlo da expressão do gene é uma vantagem no desenvolvimento de plantas geneticamente modificadas (**Burgess, 1969**).

Genes marcadores selecionáveis.

Os genes marcadores selecionáveis estão geralmente ligados ao gene de interesse para facilitar a sua deteção no interior dos tecidos vegetais. Isto permite a seleção de células que foram incorporadas com sucesso com o gene de interesse, poupando assim despesas e esforços consideráveis. Os engenheiros genéticos utilizaram genes marcadores de resistência aos antibióticos e aos herbicidas para detetar as células que contêm o gene inserido. As células que sobrevivem à adição de agentes marcadores ao meio de crescimento indicam a presença do gene inserido. Embora seja improvável que ocorra um aumento da resistência aos antibióticos nos seres humanos e nos animais utilizando marcadores de resistência aos antibióticos, são preferidos os genes que codificam a resistência a antibióticos não importantes do ponto de vista médico. Além disso, foram desenvolvidos tipos alternativos de genes marcadores relacionados com o metabolismo das plantas, como a fosfomanose isomerase, a xilose isomerase e outros **(Tempe e Casse-Delbart 1989)**.

Genes de referência:

Os genes repórteres são clonados no vetor na proximidade do gene de interesse, para facilitar a identificação das células transformadas e para determinar a expressão correta do gene inserido. Os genes de repetição que têm sido utilizados incluem: o gene da beta glucuronidase *(*gene *gusA*) que actua num substrato específico produzindo um produto azul, tornando assim as células transformadas azuis; a proteína fluorescente verde (gfp) que permite que as células transformadas brilhem sob uma luz verde; e o gene da luciferase que permite que as células brilhem no escuro, entre outros **(Koo *et al.*, 2007)**.

Intensificadores:

Podem também ser clonadas várias sequências genéticas à frente das sequências promotoras (potenciadores) ou dentro da própria sequência genética (intrões ou sequências não codificantes) para promover a expressão genética. Um exemplo é a clonagem dos potenciadores do promotor *do vírus do mosaico da couve-flor* à frente do promotor da planta. Uma vez empacotado o gene de interesse (com o promotor, o repórter e o gene marcador (**Fig. 13**), é então introduzido numa bactéria para permitir a criação de muitas cópias do pacote genético. O ADN isolado dos clones bacterianos pode então ser utilizado para a transformação de células vegetais por bombardeamento de partículas. Se, no entanto, se preferir utilizar a bactéria *Agrobacterium tumefaciensis* na transformação das plantas, todo o pacote genético deve ser clonado entre duas sequências de fronteira (fronteira esquerda e direita) de um vetor binário. Isto permitirá a transformação da *Agrobacterium* de modo a que apenas o ADN de transferência (ADN-T) seja incorporado no genoma da planta (**Spilianakis *et al.*, 2005**).

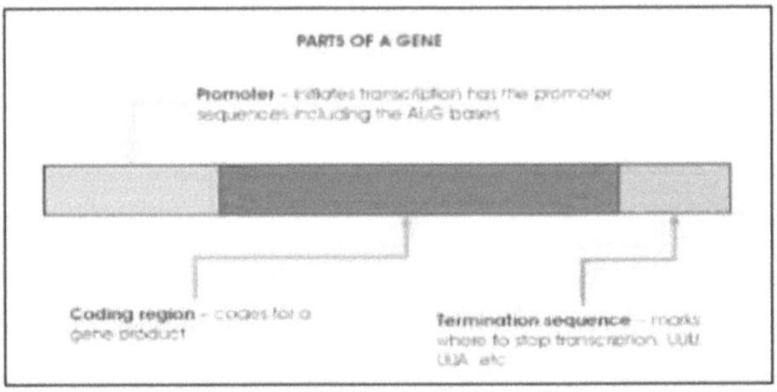

Fig. 12. Partes de um gene (**Alfonso, 2007**).

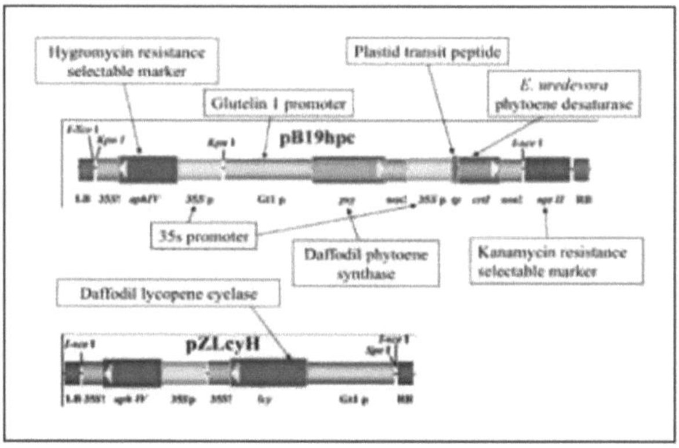

Fig. 13. Componentes de uma construção genética utilizada no desenvolvimento do Golden Rice (**Ye *et al.*, 2000**).

Foi desenvolvida uma variedade de vectores para funcionarem como veículos de clonagem:

i) **Plasmídeos:** São moléculas de ADN duplex circulares auto-replicantes que são herdadas de forma estável num estado cromossómico extra. Os vectores plasmídicos são utilizados para a clonagem de ADN de pequenas dimensões (até 12 kb). O ADN plasmídico circular que vai ser utilizado como vetor é primeiro clivado por uma endonuclease de restrição (ER) para dar origem a uma molécula de ADN linear. O ADN estranho a inserir é também cortado pela mesma endonuclease, seguindo-se a ligação (junção) do vetor linearizado e do ADN inserido, resultando num ADN circular maior que pode agora ser separado por eletroforese em gel com base no seu tamanho. A seleção do ADN quimérico também pode ser efectuada se a inserção de ADN estranho num local de endonuclease inativar um gene cujo fenótipo seja facilmente detetável. Normalmente, o marcador selecionável é a resistência a diferentes antibióticos. Os plasmídeos naturais de *Escherichia coli* foram modificados, encurtados, reconstruídos e recombinados para criar muitos plasmídeos diferentes de maior utilidade como vectores, por exemplo, pBR322, série pUC (pUC18, pUC19, pUC8, etc.) (**Dale, 1998**).

ii) **Vetor bacteriófago**: São vírus de bactérias que infectam a célula e a lisam (ciclo lítico) ou se integram no cromossoma bacteriano e se multiplicam com ele como profagos (ciclo lisogénico). Funcionam como veículos de clonagem para pedaços maiores de ADN (23-25kb) em comparação com os vectores plasmídicos. Além disso, o rastreio dos recombinantes é mais fácil, uma vez que os fagos formam placas (uma zona clara onde ocorreu a lise no campo bacteriano), ao contrário dos plasmídeos, em que as colónias bacterianas são rastreadas. Os vectores de fagos mais utilizados são os fagos lambda (λ) e M13 (**Dale, 1998**).

iii) **Vectores cosmídeos**: São plasmídeos que contêm um fragmento de DNA λ incluindo o sítio cos. Uma vez que o sítio cos permite que o ADN se acondicione numa partícula λ *in vitro*. O ADN cosmídeo recombinante é injetado e circularizado como ADN de fago que infecta as células hospedeiras, o que é mais eficiente do que a transformação plasmídica. Mas replica-se como um plasmídeo sem expressão de quaisquer funções de fago. Com um vetor cosmídeo de 5kb, são selecionadas inserções de ADN de grandes dimensões (32-47kb), uma vez que a distância entre dois cos sítios deve situar-se entre 38 e 52 kb para o empacotamento. Por conseguinte, os cosmídeos podem acomodar inserções de ADN até 45kb de comprimento, o que é muito mais do que um vetor de fago. Devido à sua capacidade de receber grandes fragmentos de ADN, os cosmídeos são particularmente utilizados como vectores para a construção de bibliotecas de fragmentos de genomas eucarióticos **(Collins e Hohn 1978)**.

iv) **Vetor fagóide**: Os vectores que têm uma origem de replicação derivada tanto de um plasmídeo como de um fago são conhecidos como fagóides. Em circunstâncias normais, a *ori* do plasmídeo é utilizada para a replicação mas, após uma infeção por um fago, a outra *ori* é utilizada e é produzido ADN de cadeia simples que é útil para a sequenciação. Um desses plasmídeos é o pBluescript que tem o seu MCS flanqueado por promotores T3 e T7, o que permite obter a expressão da inserção clonada independentemente da sua orientação (**Fonshtein *et al.*, 1986**).

v) **Vectores fasmídicos**: são vectores plasmídicos que contêm um sítio de ligação λ (λatt) e origens funcionais de replicação tanto do plasmídeo como do λ. O latt permite que o plasmídeo se insira no genoma do fago λ através de uma recombinação específica do sítio, responsável pela formação do lisogénio. Trata-se de uma inserção recombinacional reversível que gera fasmídeos (**Fonshtein *et al.*, 1986**). Os vectores fasmídicos são preferidos devido à vantagem de o ADN poder ser clonado no vetor plasmídico e de o plasmídeo recombinante poder ser convertido em fago, que é mais fácil de armazenar, tem um prazo de validade longo e o rastreio por hibridação em placa dá resultados mais limpos do que a hibridação em colónia. O M13 é um vetor de fasmídeo altamente desenvolvido que está a ser amplamente utilizado. Com a ajuda da enzima ligase, o gene isolado é inserido no ADN linearizado do vetor, produzindo assim ADN recombinante, como se mostra esquematicamente na **Fig. 14.**

6.4. Etapa 4. Transformação:

Métodos de transferência de genes A absorção de ADN estranho ou de ADN recombinante pelas células é designada por transferência ou transformação de genes. Convencionalmente, a transferência de genes necessária para o melhoramento das culturas é obtida através da propagação sexual e vegetativa. No entanto, abordagens biotecnológicas como a variação somaclonal,

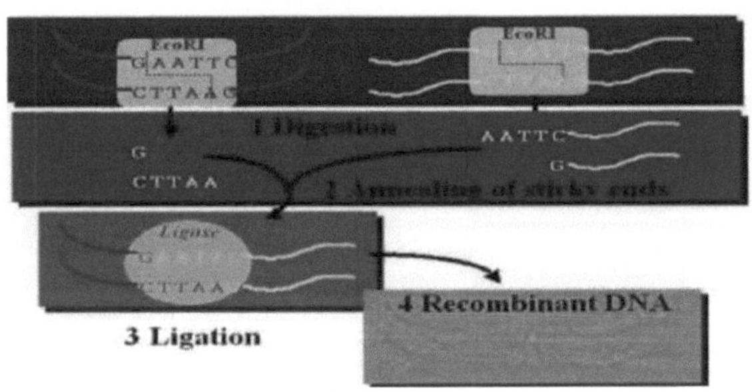

Fig. 14. Um diagrama esquemático que mostra a restrição e a ligação para formar ADN recombinante.

fusão de protoplastos, etc., acelerou com êxito o processo de geração de variação genética e de introgressão de genes estranhos (**Cohen *et al.*, 1972**). A abordagem biotecnológica com maior potencial para a transferência de ADN recombinante baseia-se na engenharia genética, que envolve várias técnicas de transferência de genes, que serão discutidas adiante. O gene transferido é designado por transgene e as plantas que transportam estes transgenes integrados de forma estável são designadas por plantas transgénicas. As várias técnicas de transferência de genes utilizadas são agrupadas em duas grandes categorias (**Fig. 15**):

- Transferência direta de genes
- Mediado por *Agrobacterium.*

(i) **Transferência direta de genes:** É um processo em que não está envolvido nenhum vetor e pode ser aplicado a qualquer espécie ou genótipo. Os métodos de transferência direta de genes são ainda classificados em duas classes:

Física, em que normalmente o ADN nu é transferido diretamente, pelo que é também designada por transferência genética mediada pelo ADN. Os vários métodos físicos de transferência de genes são os seguintes

1- **Electroporação**: É um processo em que as células são expostas a impulsos eléctricos de alta tensão para tornar as membranas celulares reversivelmente permeáveis à absorção de ADN. A electroporação tem sido amplamente utilizada para a transformação de protoplastos. Recentemente, foi comunicada com êxito a transformação de células vegetais intactas de beterraba sacarina e arroz. Este método é cómodo, simples e rápido. No entanto, a electroporação não pode ser aplicada a todos os tecidos e a viabilidade celular diminui devido ao choque elétrico. Além disso, a regeneração de plantas a partir de protoplastos continua a ser difícil (**Shillito *et al.*, 1985; Fromm *et al.*, 1985**).

2- **Bombardeamento de partículas**: O bombardeamento de partículas é um método mecânico de introdução do gene desejado. A sequência genética desejada é clonada num vetor de ADN vegetal e introduzida na planta utilizando a pistola de genes ou pistola de partículas. Tal como na pistola comum, a pistola de genes utiliza partículas minúsculas de tungsténio ou ouro como bala. Estas partículas são revestidas com a solução de ADN e disparadas para as células da planta através da força do gás hélio dentro de uma câmara cheia de vácuo. O ADN e as partículas de tungsténio/ouro entram na célula e, no espaço de 12 horas, o ADN inserido entra no núcleo e integra-se no ADN da planta. As partículas de tungsténio/ouro são sequestradas no vacúolo e eliminadas posteriormente. As células transformadas são cultivadas in vitro e induzidas a formar pequenas plantas (regeneração) que expressam o gene inserido. As células transformadas são cultivadas *in vitro* e induzidas a formar pequenas plantas (regeneração) que expressam o gene inserido. O bombardeamento de partículas tem sido utilizado para a transformação de plantas monocotiledóneas, como o milho, o arroz, o trigo, etc. (**Yamashita *et al.*, 1991; Vain *et al.*, 1993; Finer *et al.*, 1999**).

(ii) **Transferência de genes mediada por *Agrobacterium***: Constitui o sistema de transformação de plantas mais bem sucedido. Trata-se de um método de transferência de genes baseado em vectores, em que os vectores são os plasmídeos Ti da *Agrobacterium tumefaciens*, uma bactéria que habita o solo e é responsável pela doença da galha da coroa de muitas plantas. A bactéria infecta através de uma ferida no caule da planta e desenvolve-se um tumor na junção da raiz e do caule. O agente responsável pela galha da coroa é o plasmídeo Ti e não a própria bactéria. Durante a infeção, uma pequena porção de ADN do plasmídeo Ti, denominada ADN-T, é transferida para o núcleo da célula vegetal, onde é inserida de forma covalente no ADN nuclear, sendo assim mantida de forma estável no genoma das células transformadas (**Tzfira e Citovsky 2006**). O ADN T transporta os genes responsáveis pela formação de tumores e pela síntese de derivados de aminoácidos invulgares conhecidos como opinas (os mais comuns são a octopina e a nopalina), que são utilizados como única fonte de carbono/nitrogénio para induzir a estirpe *Agrobacterium*. Os genes responsáveis pela transferência do ADN-T, denominados genes de virulência (genes *vir*), também estão contidos no plasmídeo Ti. A infeção por *Agrobacterium* requer tecido vegetal ferido, porque os genes vir são induzidos por compostos fenólicos libertados pelas células vegetais feridas. As regiões do ADN-T absolutamente necessárias para a sua transferência e integração no genoma da planta são as regiões de fronteira, que são sequências curtas repetidas de 25 pb. Qualquer sequência de ADN inserida entre as repetições de fronteira será transferida para o genoma da planta e integrada no mesmo. Por conseguinte, os plasmídeos à base de Ti são excelentes vectores para a introdução de genes estranhos nas plantas. Para poderem ser utilizados como vectores, os genes responsáveis pela formação de tumores devem ser removidos. Os plasmídeos à base de Ti sem funções tumorigénicas são conhecidos como vectores desarmados. Estes vectores desarmados são ainda demasiado grandes para serem convenientemente utilizados como vectores. Assim, foram construídos vectores mais pequenos, descritos abaixo, que são adequados para manipulação *in vitro* (**Gelvin, 2003**).

Co-integração e sistema de vectores binários: A técnica de co-integração baseia-se na recombinação *in vivo* de dois plasmídeos. Um plasmídeo transporta a sequência de ADN desejável; o outro plasmídeo contém genes vir e as repetições de fronteira do ADN-T. A recombinação destes plasmídeos dá origem a um plasmídeo Ti de grandes dimensões que pode agora ser utilizado para transformar plantas. O sistema de vetor binário utiliza dois plasmídeos separados: o plasmídeo mini-Ti para fornecer o T-DNA desarmado e o segundo com genes *de vir*. O plasmídeo mini-Ti contém a construção genética que será inserida no genoma da planta, juntamente com um marcador selecionável eucariótico entre as sequências de fronteira do T-DNA, de modo a que ambos os genes sejam inseridos como uma unidade (**Fig. 16**). Quando este plasmídeo é colocado numa estirpe *de Agrobacterium* que contém um plasmídeo com funções de virulência, os produtos do gene *vir* são capazes de conduzir a transferência do T-DNA para as células vegetais, apesar de o T-DNA estar localizado numa molécula de ADN separada. Esta é a abordagem mais frequentemente utilizada, uma vez que os plasmídeos mini Ti são muito fáceis de manipular utilizando técnicas normais de ADN recombinante. Este método é preferido a todas as outras técnicas, uma vez que *a Agrobacterium* é capaz de transferir grandes fragmentos (<50 kb) de ADN de forma muito eficiente, sem grandes rearranjos. Além disso, o gene transferido é herdado de forma estável **(Kado, 1991);**

Hooykaas e Schilperoort 1992).

-Geração **de plantas transgénicas e sua identificação**:

O advento da técnica do ADN recombinante e dos métodos de transformação de plantas proporcionou aos cientistas agrícolas uma nova e poderosa forma de incorporar alterações genéticas definidas nas plantas, gerando assim plantas transgénicas. O desenvolvimento contínuo de sistemas de transferência baseados em *Agrobacterium* para melhorar a sua eficiência e aplicabilidade a mais culturas está a substituir rapidamente outros métodos de geração de plantas transgénicas.

-Geração de plantas transgénicas com base em Agrobacterium:

Existem alguns pré-requisitos para a transferência de genes mediada por *Agrobacterium* que incluem:

- Para induzir o gene *vir*, as plantas devem produzir acetosiringona ou a Agrobacterium pode ser pré-induzida com acetosiringona sintética.

- Após a indução, as agrobactérias devem ter acesso às células, sendo utilizados explantes frescos com ADN de replicação ou que estejam a sofrer mitose.

- As células competentes para a transformação devem ser capazes de se regenerar em plantas inteiras.

Procedimento:

O procedimento para a transferência de genes mediada por *Agrobacterium* está resumido na **Fig. (15)**. Os explantes utilizados para inoculação ou co-cultura com *Agrobacterium* portadora do vetor incluem protoplastos, calos, fatias de tecido, secções de órgãos como discos de folhas, etc. Na prática, o procedimento pode ser efectuado com qualquer explante de tecido que forneça uma boa fonte para iniciar a diferenciação de toda a planta. Assim, um segmento de tecido, como um disco de folha, é excisado e incubado em suspensão de *Agrobacterium* durante algumas horas a 3-4 dias, seguido de cultura num meio para o crescimento bacteriano. Os explantes de tecido são então transferidos para meios contendo Carbenicilina ou Cefotaxima, que eliminam as bactérias. Depois de os explantes serem inoculados com *Agrobacterium* portadora do vetor com o gene de interesse, são transferidos para meios concebidos para a seleção de células vegetais transformadas. A seleção é facilitada pelo gene marcador selecionável presente no vetor, que é geralmente resistente a herbicidas ou antibióticos como a canamicina. Após a seleção, os calos transformados são colocados em meio de regeneração para o desenvolvimento de rebentos e raízes. O segundo nível de seleção do tecido transformado é feito através da expressão do gene repórter ou do gene marcador selecionável, como o GUS. Diferentes genes marcadores selecionáveis e genes repórteres com o seu substrato e ensaios estão resumidos nas **Tabelas (2 e 3)**. Estas plantas transgénicas (To) são então testadas quanto à integração estável e à expressão de genes por PCR ou hibridação Southern.

Quadro 1: Genes marcadores selecionáveis utilizados para a transferência de genes.

Não.	Gene marcador selecionável	Substrato utilizado para a seleção
1	Higromicina fosfotransferase *(hpt)*	Higromicina B
2	Neomicina fosfotransferase *(nptII)*	G418, canamicina, neomicina
3	Fosfinotricina acetiltransferase *(bar)*	L-finotiricina (PPT), bialafos
4	Bromoxinil nitrilase	Bromoxinil

Quadro 2: Genes marcadores de pontuação utilizados para a transferência de genes.

Não.	Marcador genético	Substrato e ensaio	Identificação
1	β glucoronidase (GUS)	X gluc	Fluorescência
2	β- galactosidase (*Zac Z)*	X gal	Cor da colónia
3	Neomicina fosfotransferase *(NPT II)*	Canamicina+P^{32} ATP	Deteção de

			radioatividade

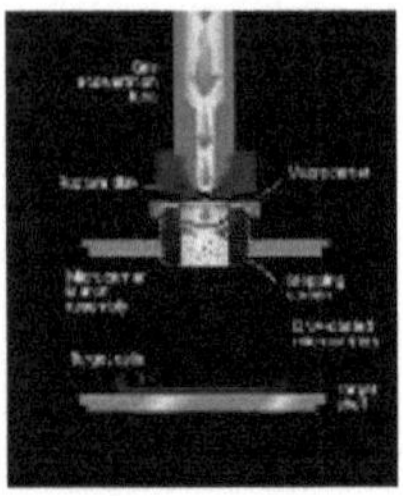

Particle bombardment

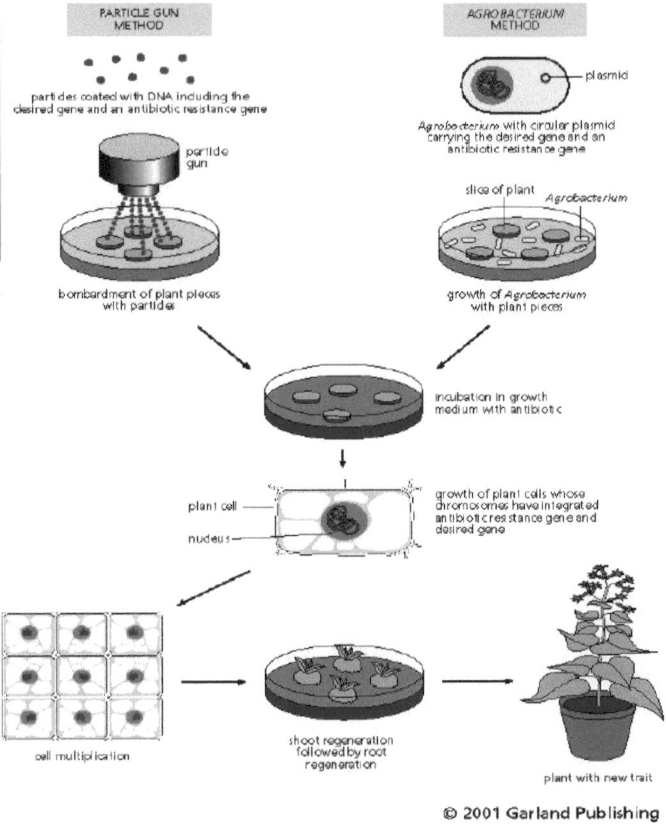

Fig. 15. Métodos de transformação genética (Biolistics ou Gene Gun e métodos de transformação *mediados por Agrobacterium tumefaciens*) **(Alfonso, 2007)**.

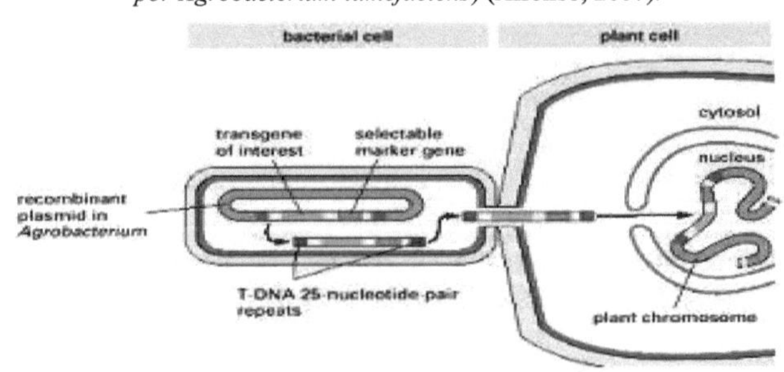

Fig. 16. Processo de transferência de T-DNA da *Agrobacterium* para o núcleo das plantas.

6.5. Etapa 5. Deteção de genes inseridos:

Foram desenvolvidos métodos de deteção molecular para determinar a integridade do transgene (gene introduzido) na célula vegetal.

Reação em cadeia da polimerase: A reação em cadeia da polimerase é uma técnica extremamente versátil para copiar ADN. Em resumo, a PCR permite que uma única sequência de ADN seja copiada milhões de vezes de formas pré-determinadas. Normalmente, consiste numa série de 20 a 35 ciclos. Normalmente, a PCR é efectuada em três etapas, como a desnaturação, o recozimento do iniciador seguido da extensão do iniciador (**Fig. 17**) (**Mullis, 1990**).

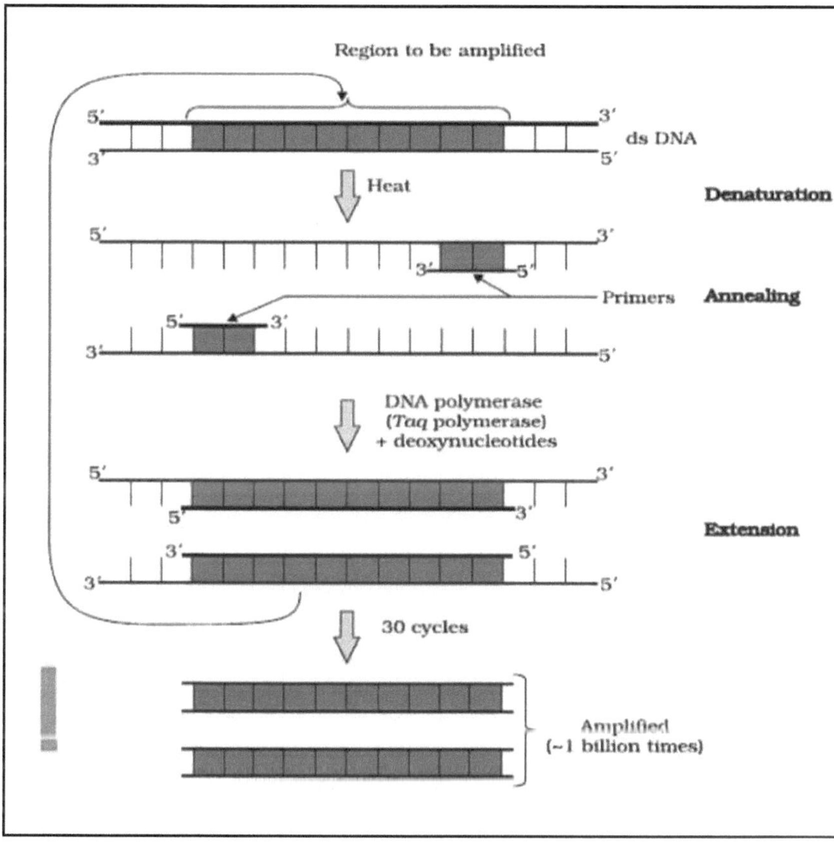

Fig. (17). Reação em cadeia da polimerase (PCR): Cada ciclo tem três etapas: (i) desnaturação; (ii) recozimento dos primers; e (iii) extensão dos primers.

1. Antes do primeiro ciclo, durante um passo de inicialização, a reação de PCR é frequentemente aquecida a uma temperatura de 94-96°C para assegurar que a maior parte do modelo do ADN e dos primers são desnaturados. Além disso, algumas polimerases de PCR requerem este passo para a ativação. Após esta paragem, inicia-se a ciclagem, com o passo de desnaturação a 94-96°C durante 20-30 segundos.

2. A desnaturação é seguida pelo passo de recozimento. Neste passo, a temperatura da reação é reduzida para que os primers possam ligar-se ao molde de ADN de cadeia simples. A temperatura neste passo depende da Tm dos primers e situa-se normalmente entre 50-64°C durante 20-40 segundos.

3. O passo de recozimento é seguido de um passo de extensão/alongamento durante o qual a DNA polimerase copia o modelo de DNA, começando nos primers recozidos em ambas as suas cadeias. A temperatura neste passo depende da polimerase de ADN utilizada. *A Taq* polimerase tem uma temperatura óptima de 70-74°C; assim, na maioria dos casos, durante a extensão é utilizada uma temperatura de 72°C.

A PCR pode ser utilizada para muitas experiências de biologia molecular, como a introdução de locais de enzimas de restrição ou a mutação (alteração) de bases específicas do ADN. A PCR também pode ser utilizada para determinar se um determinado fragmento de ADN se encontra numa biblioteca de ADNc. A PCR tem muitas variações, como a PCR de transcrição reversa (RT-PCR) para amplificação do ARN e, mais recentemente, a PCR em tempo real (qPCR), que permite a medição quantitativa de moléculas de ADN ou ARN **(Mullis, 1990)**.

Southern Blotting: É um método utilizado por rotina em biologia molecular para verificar a presença de uma sequência de ADN numa amostra de ADN. O Southern blotting combina a eletroforese em gel de agarose para separação do tamanho do ADN com métodos de transferência do ADN separado por tamanho para uma membrana filtrante para hibridação da sonda. O método tem o nome do seu inventor, Edwin Southern. Neste método, as amostras de ADN são separadas por eletroforese em gel e, em seguida, transferidas para uma membrana por blotting através de ação capilar. A membrana pode então ser sondada utilizando um ADN marcado complementar à sequência de interesse. A maioria dos protocolos originais utilizava marcadores radioactivos, mas atualmente existem alternativas não radioactivas (**Fig. 18**). A técnica de Southern blotting é menos utilizada na ciência laboratorial devido à capacidade de utilizar a PCR para detetar sequências de ADN específicas a partir de amostras de ADN. No entanto, estes blots ainda são utilizados para algumas aplicações, como a medição do número de cópias de transgénicos em plantas transgénicas **(Southern, 1975)**. Do mesmo modo, o **northern blotting** é uma técnica utilizada na investigação para estudar a expressão genética (**Fig. 19**). O seu nome deve-se à semelhança do procedimento com o procedimento de **Southern blot**, mas a principal diferença é que, em vez de ADN, é utilizado ARN para a blotagem e análise por eletroforese e deteção com uma sonda de hibridação. A western blotting é um método de deteção de proteínas numa determinada amostra de homogenato ou extrato de tecido. As proteínas transferidas para membranas são "sondadas" utilizando anticorpos específicos para a proteína **(Kevil *et al.*, 1997; Alberts *et al.*, 2008)**.

Análise Western Blot ou Imuno Blotting de Proteínas: é uma técnica analítica utilizada para detetar se as plantas transgénicas produzem o produto proteico específico do gene introduzido. As amostras de proteínas são extraídas das plantas transgénicas, transformadas em proteínas desnaturadas e transferidas para uma membrana de nitrocelulose. A proteína é então sondada ou detectada utilizando os anticorpos específicos da proteína alvo (**Fig. 20**) **(Freeze, 1993)**.

Marcadores moleculares:

Um marcador genético é qualquer carácter que possa ser medido num organismo e que forneça informações sobre o genótipo desse organismo. Um marcador genético pode ser um traço fenotípico reconhecível (por exemplo, nanismo, albinismo, morfologia alterada da folha ou da parte inferior), um traço bioquímico (por exemplo, proteínas como isozimas) ou um traço molecular (baseado em moléculas ou ADN). A utilização de marcadores fenotípicos é limitada pela sua dependência da expressão de genes que são influenciados por condições ambientais ou de desenvolvimento. Por outro lado, os marcadores moleculares são definidos como sequências de ADN facilmente detectáveis, cuja hereditariedade pode ser facilmente monitorizada, que são independentes do estádio de desenvolvimento ou do ambiente e são em grande número. Os marcadores são utilizados para estudar a diversidade genética dentro das espécies/estirpes ou para a seleção assistida por marcadores de genes desejáveis. A localização de um gene desejável pode ser determinada comparando a herança de um gene mutante com a herança de um marcador cuja localização cromossómica é conhecida. A co-hereditariedade do gene de interesse e dos marcadores sugere que estes estão fisicamente próximos no cromossoma.

Por conseguinte, as caraterísticas desejáveis de um marcador molecular são

- A sua deteção deve ser fácil, rápida e barata.
- Deve ser reproduzível.
- Deve ser polimórfico.
- Deve ter uma herança codominante para permitir a discriminação entre homo e heterozigotos em diplóides.

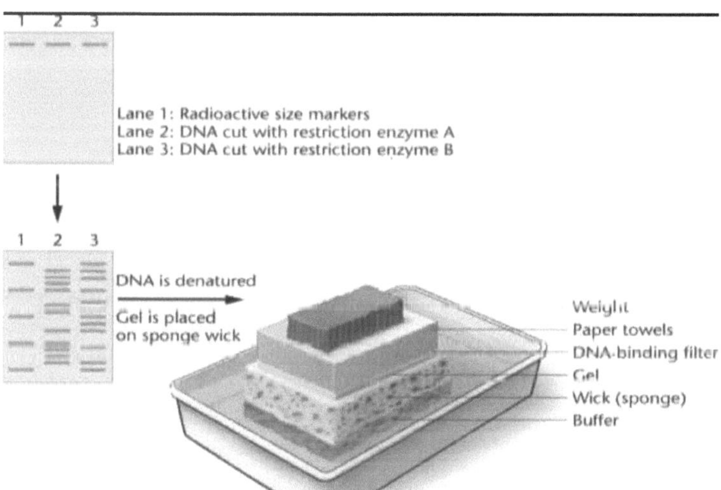

Fig. 18. Diagrama de fluxo que descreve o procedimento geral para a deteção de ADN por Southern blotting.

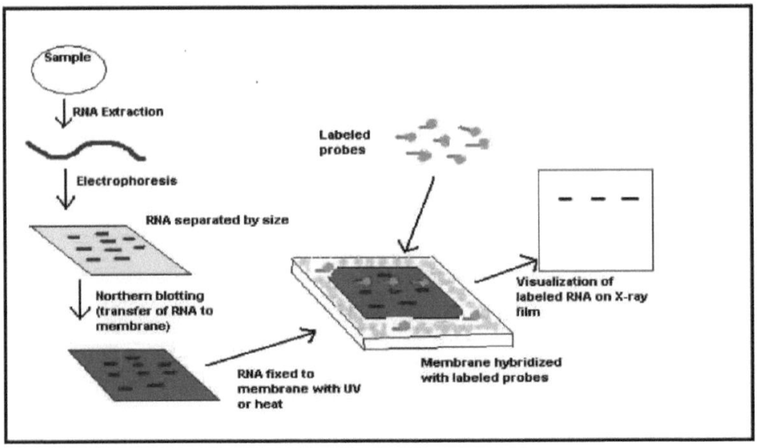

Fig. 19. Diagrama de fluxo que descreve o procedimento geral para a deteção de ARN por Northern blotting.

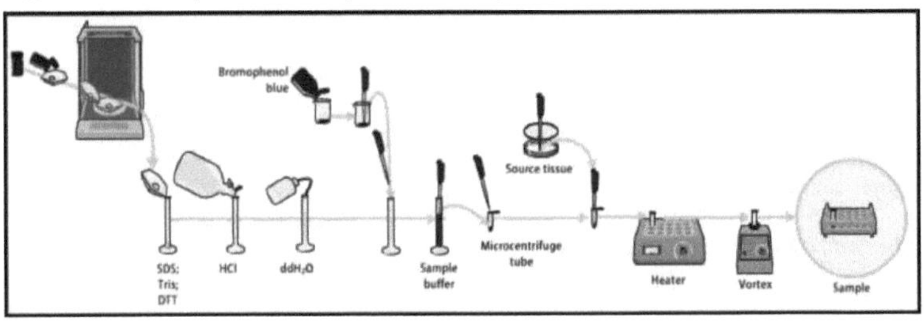

(a)

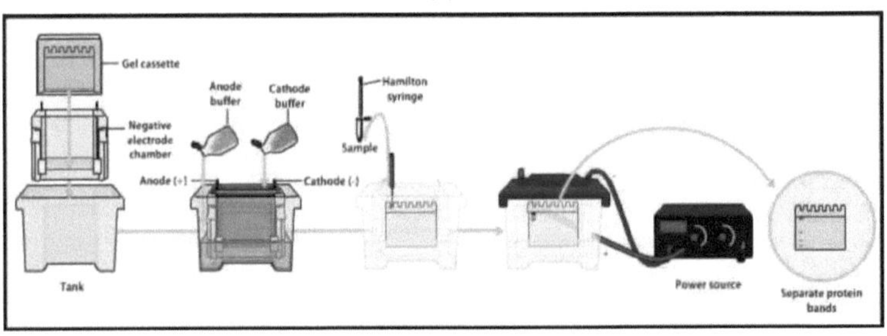

(b)

Fig. 20. Diagrama de fluxo que descreve o procedimento geral para a deteção de proteínas por Western blotting.

(a) : Preparação de tecidos: As amostras podem ser retiradas de tecidos inteiros. As células podem também ser abertas por um dos métodos mecânicos acima referidos. Podem ser utilizados diversos detergentes, sais e tampões para promover a lise das células e solubilizar as proteínas. A preparação dos tecidos é frequentemente efectuada a temperaturas frias para evitar a desnaturação e degradação das proteínas.

(b) : Eletroforese em gel: As proteínas da amostra são separadas por eletroforese em gel. As amostras são colocadas em poços no gel. Uma das pistas é normalmente reservada para um marcador ou escada, uma mistura comercialmente disponível de proteínas com pesos moleculares definidos, normalmente coradas de modo a formar bandas coloridas visíveis.

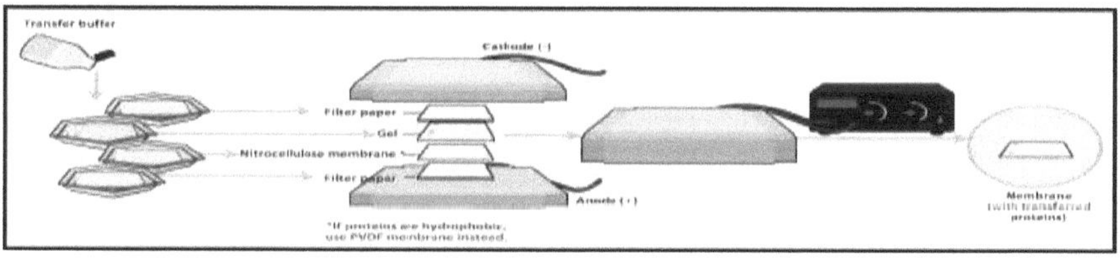

(c)

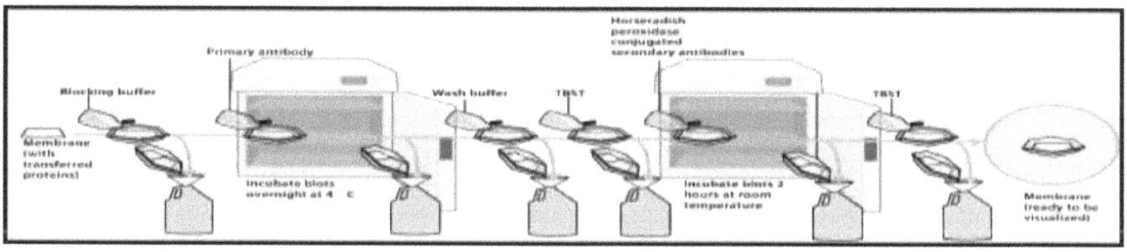

(d)

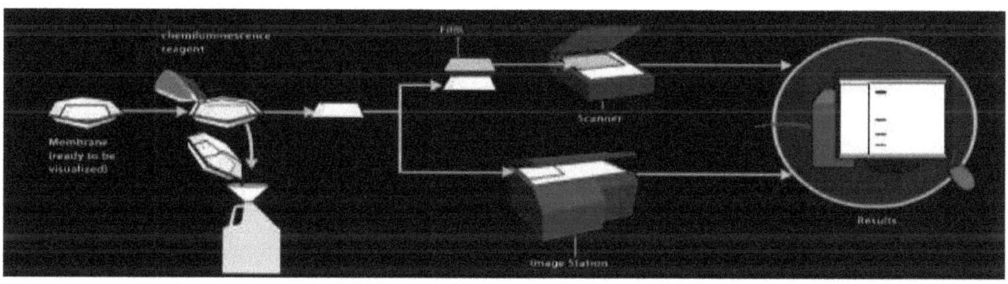

(e)

Fig. 20. Continuação.

(C): **Transferência**: Para tornar as proteínas acessíveis à deteção de anticorpos, estas são transferidas do interior do gel para uma membrana de nitrocelulose ou de difluoreto de polivinilideno (PVDF). O principal método de transferência das proteínas é designado por electroblotting e utiliza uma corrente eléctrica para puxar as proteínas do gel para a membrana de PVDF ou de nitrocelulose. As proteínas deslocam-se do interior do gel para a membrana, mantendo a organização que tinham no interior do gel.

(d) : **Bloqueio e deteção**: O bloqueio de ligações não específicas é conseguido colocando a membrana numa solução diluída de proteínas - normalmente 3-5% de albumina de soro bovino (BSA) ou leite seco magro (ambos são baratos) em Tris-Buffered Saline (TBS) ou I-Block, com uma percentagem mínima (0,1%) de detergente como Tween 20 ou Triton X 100. A proteína na solução diluída liga se à membrana em todos os locais onde as proteínas-alvo não se ligaram. Durante o processo de deteção, a membrana é "sondada" para a proteína de interesse com um anticorpo modificado que está ligado a uma enzima repórter; quando exposta a um substrato adequado, esta enzima provoca uma reação colorimétrica e produz uma cor.

(e) : **Deteção quimioluminescente**: os métodos de deteção dependem da incubação do western blot com um substrato que se ilumina quando exposto ao repórter do anticorpo secundário. A luz é então detectada por uma película fotográfica e, mais recentemente, por câmaras CCD que captam uma imagem digital da western blot. A imagem é analisada por densitometria, que avalia a quantidade relativa de coloração das proteínas e quantifica os resultados em termos de densidade ótica

Existe uma vasta gama de marcadores moleculares disponíveis para detetar polimorfismo, como RFLP, RAPD, AFLP, SSR, etc.

1. **Polimorfismo de Comprimento de Fragmento de Restrição (RFLP):** Baseia-se na combinação de uma sonda

e enzimas de restrição (ER) para identificar sequências polimórficas de ADN utilizando a técnica de Southern blotting. O RFLP é gerado pela presença ou ausência de um local de reconhecimento de uma endonuclease de restrição na mesma região do cromossoma de diferentes indivíduos de uma espécie. Neste método, o ADN é digerido com ER, eletroforese, blotted numa membrana e sondado com um clone marcado. O polimorfismo no padrão de hibridação resulta do facto de a mesma ER produzir fragmentos de diferentes comprimentos que representam a região 38. O mesmo cromossoma de indivíduos diferentes (**Fig. 21**). As alterações de um único par de bases, as inversões, as translocações, as deleções, etc., podem resultar na perda ou no ganho de um sítio de reconhecimento, o que, por sua vez, conduz a fragmentos de restrição de comprimentos diferentes entre genótipos diferentes. Uma vez que esta abordagem requer uma grande quantidade de ADN altamente puro e um método de deteção radioativo ou não radioativo para identificar bandas de ADN polimórfico, é morosa, laboriosa e dispendiosa (**Kahl, 2001**).

2. **ADN polimórfico amplificado aleatoriamente (RAPD):** É uma técnica molecular baseada em PCR. Envolve a amplificação de segmentos de ADN distribuídos aleatoriamente pelo genoma através de PCR, utilizando iniciadores de decâmero único a baixa estringência (**Fig. 22**). O polimorfismo ocorre em resultado da presença ou ausência de uma sequência complementar ao iniciador no genoma. Os RAPDs podem ser de diferentes tipos, nomeadamente a técnica Arbitarily Primed-PCR, DNA Amplification Fingerprinting (DAF), etc. Estas técnicas diferem no que respeita ao comprimento dos iniciadores utilizados, às condições de amplificação e à resolução dos produtos de PCR. O RAPD necessita de uma pequena quantidade de ADN (15-30 ng). Uma vez que se baseia na PCR, é uma técnica rápida e eficiente. Mas como não é um marcador codominante e também não é reprodutível, é utilizado apenas como uma abordagem inicial para identificar polimorfismo (**Welsh e McClelland 1990; Devos e Gale, 1992**).

3. **Polimorfismo de Comprimento de Fragmento Amplificado (AFLP):** Combina componentes da análise RFLP com a tecnologia PCR (**Vos *et al.*, 1995**). O ADN genómico total é digerido com um par de enzimas de restrição, normalmente um cortador frequente e um cortador raro. Os adaptadores de sequência conhecida são então ligados aos fragmentos de ADN. São utilizados primers complementares aos adaptadores para amplificar os fragmentos de restrição. Os fragmentos amplificados por PCR podem então ser separados por eletroforese em gel e os padrões de bandas visualizados (**Fig. 23**).

4. **Repetições de Sequência Simples (SSR) ou Microssatélites**: São classes de elementos repetitivos de DNA (**Tautz e Rentz 1984; Tautz, 1989**). As repetições de di-, tri- ou tetra- nucleótidos estão dispostas em matrizes em tandem que consistem em 5 - 50 cópias, tais como (AT)29, (CAC)16 ou (GACA)32. Os SSRs são abundantes nas plantas, ocorrendo em média a cada 6-7 kb (**Cardle *et al.*, 2000**). Estes motivos repetidos são flanqueados por sequências nucleotídicas conservadas, a partir das quais podem ser concebidos iniciadores

diretos e inversos para amplificar por PCR a secção de ADN que contém o SSR. Os alelos SSR, produtos amplificados de comprimento variável, podem ser separados por eletroforese em gel e visualizados por coloração com prata, autoradiografia (se os iniciadores estiverem marcados radioactivamente) ou por automatização (se os iniciadores estiverem marcados com fluorescência) (**Fig. 24**).

5. **Inter Simple Sequence Repeats (ISSR):** É um exemplo (um de muitos) de uma técnica de impressão digital baseada na PCR. A técnica explora a distribuição abundante e aleatória de ISSRs nos genomas das plantas, amplificando sequências de ADN entre ISSRs estreitamente ligados (**Fig. 25**). O método utilizado no curso FAO/IAEA utilizou primers ancorados a 3'para amplificar regiões entre dois ISSRs com sítios de priming compatíveis (**Yang *et al.*, 1996**). É possível obter padrões de bandas mais complexos utilizando primers ancorados a 5' que incorporam as regiões SSR nos seus produtos de amplificação e combinando primers 3' e 5' (**Zietkiewicz *et al.*, 1994).**

6.6. Passo 6. Retrocruzamento (se necessário):

A transformação genética é normalmente conduzida em variedades de elite ou comerciais que já possuem as caraterísticas agronómicas desejadas, mas que não possuem a caraterística importante do transgene. Assim, uma vez conduzida com sucesso, a planta geneticamente modificada será facilmente recomendada para comercialização se mostrar estabilidade em várias gerações e após passar com sucesso e cumprir os requisitos de registo varietal. No entanto, algumas transformações de plantas podem ter sido efectuadas em variedades de plantas passíveis de transformação genética, mas que não são importantes no país de destino, ou numa variedade adaptada apenas ao país onde a transformação foi efectuada. Pode também haver problemas de esterilidade na planta transgénica. Nestes casos, procede-se ao melhoramento vegetal convencional, em que a planta transgénica se torna a fonte de pólen no programa de melhoramento e as linhas de elite ou variedades comerciais o progenitor recorrente. A reprodução por retrocruzamento permite a combinação dos traços desejados do progenitor recorrente e da linha transgénica nos rebentos. O tempo necessário para desenvolver uma planta transgénica depende do gene, da espécie cultivada, dos recursos disponíveis e da aprovação regulamentar. Varia entre 6 e 15 anos até que uma nova planta transgénica ou híbrida esteja pronta para ser comercializada.

Capítulo 7. Iniciativas novas e futuras no domínio da engenharia genética das culturas:

Até à data, as culturas GM comerciais têm proporcionado benefícios na produção vegetal, mas há também uma série de produtos em fase de preparação que contribuirão mais diretamente para a qualidade dos alimentos, o ambiente limpo, a produção farmacêutica e os alimentos para animais. Entre os exemplos destes produtos contam-se: arroz com níveis mais elevados de ferro e beta-caroteno (um micronutriente importante que é convertido em vitamina A no organismo) **(Goto *et al.*, 1999)**; banana de longa duração, que amadurece mais rapidamente na árvore e pode, por conseguinte, ser colhida mais cedo; milho com maior valor alimentar; amadurecimento retardado

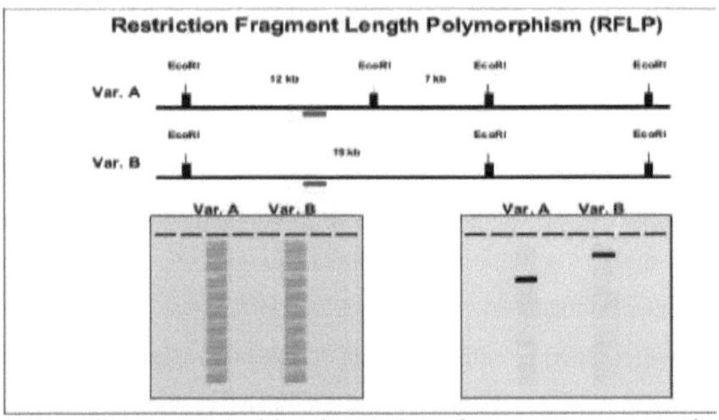

Fig. 21. O esquema mostra a digestão enzimática do ADN em fragmentos e a sua subsequente separação em gel e a deteção da variação alélica nas variedades A e B.

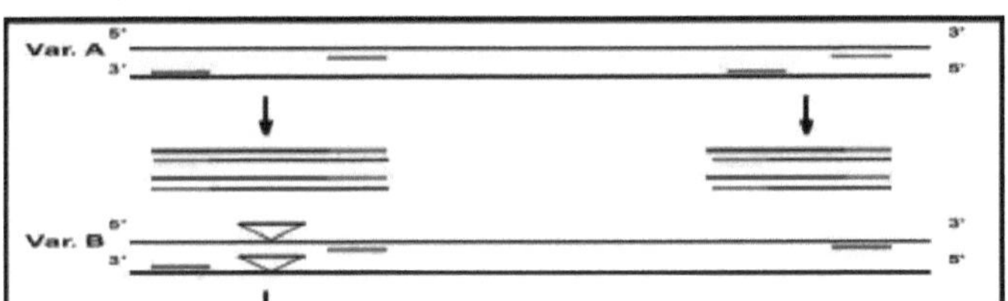

Fig. 22. O esquema acima mostra a variação RAPD entre as variedades A e B. Na variedade A existem quatro sítios de ligação dos iniciadores, resultando em dois produtos RAPD; a variedade B carece de um dos sítios de ligação, resultando na produção de apenas um marcador RAPD.

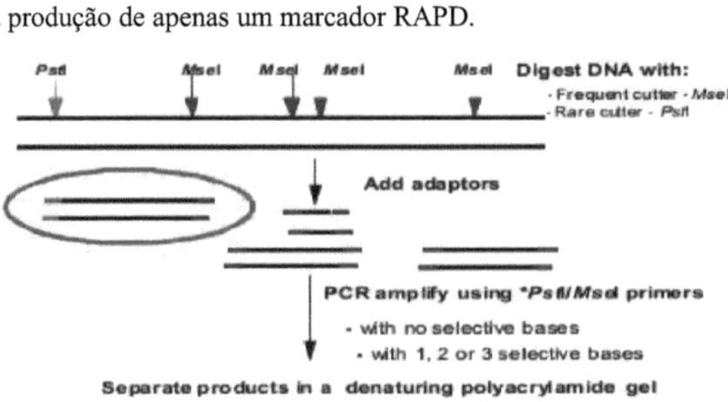

Fig. 23. Na figura acima, os perfis AFLP foram utilizados na análise de segregação em massa.

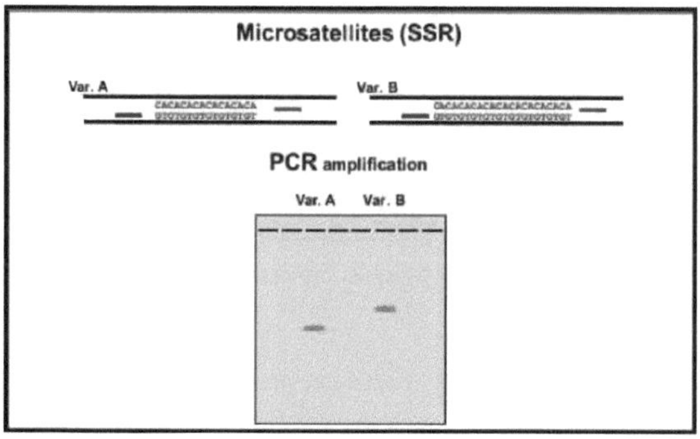

Fig. 24. O esquema acima mostra como a variação SSR (curto A e longo B) pode ser detectada utilizando eletroforese em gel após PCR com primers forward (azul) e reverse (verde).

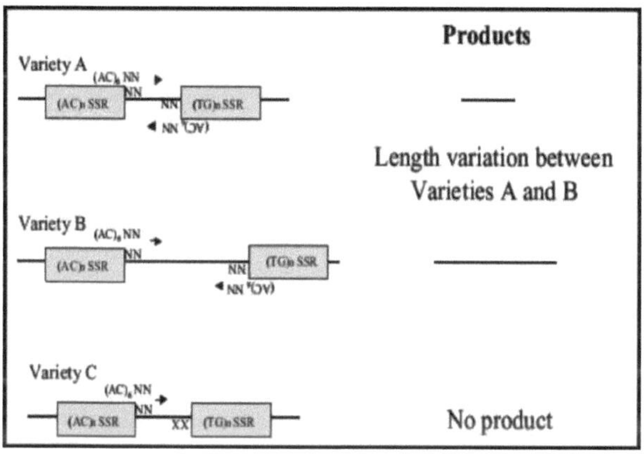

Fig. 25. O esquema acima mostra como a variação de sequência entre dois SSRs resulta em variação nos produtos de PCR nas variedades A, B e C. A figura mostra a variação em apenas um locus ISSR, a amplificação de todos os loci ISSR compatíveis entre os genomas de uma gama de variedades resultará em padrões de bandas complexos, de impressão digital.

papaia; papaia resistente ao *vírus da mancha anelar da papaia*; tomates com elevados níveis de flavonóis, que são poderosos antioxidantes; milho e trigo tolerantes à seca; milho com maior disponibilidade de fósforo (**López *et al.*, 1999**); plantas tolerantes ao arsénio; beringela e arroz resistentes a insectos; vacinas comestíveis de frutos e legumes; árvores com baixo teor de lenhina para o fabrico de papel, entre outros.

Capítulo 8. O papel da biotecnologia no melhoramento das culturas:

Na última década, assistiu-se a uma mudança notável que levou a biotecnologia vegetal do estudo da ciência básica para aplicações comerciais em grande escala. Isto aplica-se a quase todos os aspectos da biotecnologia vegetal, como o desenvolvimento de marcadores moleculares para acelerar as práticas de melhoramento vegetal e a utilização do conhecimento dos genes e da sua expressão para gerar e comercializar culturas transgénicas (**Slater *et al.*, 2003**). Em geral, o papel da biotecnologia no melhoramento das culturas pode ser dividido em duas categorias:

1) As que visam os mesmos objectivos que o melhoramento convencional de plantas, como a melhoria do rendimento, da qualidade, da resistência a pragas e doenças, da tolerância a stresses abióticos, etc., através do melhoramento molecular ou da produção de culturas transgénicas.

2) Novas aplicações, como a utilização de plantas como bioreactores para produzir produtos farmacêuticos, vacinas ou plásticos biodegradáveis.

a) **Reprodução molecular**: Os mapas moleculares utilizando marcadores RFLP, RAPD, SSR, ESTs para as principais espécies de culturas como o arroz, o milho, o tomate, etc., têm sido utilizados de forma muito eficaz em programas de melhoramento de culturas como a seleção assistida por marcadores (MAS). Foram identificados muitos marcadores que estão intimamente ligados a genes para caraterísticas agronómicas de interesse. Estes incluem marcadores para genes que codificam:

i.) Resistência a pragas e doenças (contra vírus, fungos, bactérias, nemátodos, insectos), por exemplo, o RFLP foi utilizado para mapear *o Tm-2*, um locus no tomateiro resistente ao *vírus do mosaico do tabaco* (TMV), o gene Mi no tomateiro para resistência ao nemátodo das galhas radiculares, dois genes no arroz para resistência à explosão e em muitas outras culturas. Foi efectuada uma seleção assistida por RAPD para o gene *pto* que confere resistência a Pseudomonas no tomateiro.

ii.) Caraterísticas de qualidade, por exemplo, qualidade de maltagem da cevada, teores de alcalóides, etc.

iii.) Stress abiótico, por exemplo, tolerância à salinidade ou à seca.

iv.) Traços de desenvolvimento, por exemplo, época de floração, período vegetativo.

v.) Caraterísticas quantitativas, por exemplo, elevada resistência da fibra no algodão.

vi.) Absorção de micronutrientes, por exemplo, elevada absorção de ferro e zinco no trigo.

O papel da MAS molecular para o melhoramento das culturas consiste em aumentar a velocidade, a precisão da seleção, a pirâmide genética e reduzir o custo da seleção no terreno. Assim, em vez de cultivar linhas de reprodução no campo e testar caraterísticas importantes ao longo da estação de crescimento, é possível extrair ADN de 50 ng de folhetos de plântulas e testar a presença ou ausência de uma série de caraterísticas nessa amostra de ADN num dia. As plantas que não apresentem as caraterísticas necessárias podem então ser eliminadas numa fase precoce dos programas de melhoramento. Com a disponibilidade de mais marcadores moleculares validados, a MAS torna-se, portanto, um processo altamente económico e eficiente. O mesmo princípio utilizado no desenvolvimento de marcadores moleculares pode ser aplicado a uma série de diagnósticos moleculares e impressões digitais de ADN, nomeadamente a identificação de linhas e variedades de reprodução, a caraterização de recursos genéticos e o estudo de relações filogenéticas.

b) **Plantas transgénicas:** O desenvolvimento de plantas transgénicas é o resultado da aplicação integrada de tecnologia de rDNA, métodos de transferência de genes e técnicas de tecidos. As plantas transgénicas têm um papel tanto básico como aplicado no melhoramento das culturas.

i.) Os genes foram transferidos com êxito para muitas culturas para resistência a várias pressões bióticas, como o gene biopesticida da bactéria *Bacillus thuringiensis* (Bt), que foi incorporado no algodão para resistência contra o bollworm, o milho contra a broca europeia do milho, o tomate, o tabaco contra o algodão Bt, que já se encontram no mercado e os restantes estão em processo. Além disso, genes insecticidas derivados de plantas, como inibidores de proteases, lectinas, etc., foram também integrados em muitas culturas de leguminosas que estão a ser testadas no terreno. Além disso, as plantas transgénicas têm sido especialmente bem sucedidas no controlo de doenças virais. A abordagem seguida consiste em identificar os genes ou produtos genéticos virais que, quando presentes no momento errado ou em quantidade inadequada, interferem com as funções normais do processo de infeção e impedem o desenvolvimento da doença. Alguns exemplos de plantas transgénicas com genes de resistência viral são o tabaco contra o *vírus do mosaico do tabaco* (TMV), o arroz contra o *vírus do mosaico amarelo do arroz* (RYMV), a batata contra o *vírus Y da batata* (PVY) e *o vírus do enrolamento da folha da batata* (PLRV), etc.

ii.) Genes resistentes a stresses abióticos, como a resistência a herbicidas. Os herbicidas são o método de eleição para controlar as ervas daninhas e, consequentemente, maximizar o rendimento das culturas através da redução da concorrência das ervas daninhas. Este facto exigiu o desenvolvimento de herbicidas mais seguros e biodegradáveis e o desenvolvimento de plantas cultivadas resistentes a esses herbicidas. Além disso, como os genes de resistência aos herbicidas são também marcadores selecionáveis eficazes em cultura, as variedades de culturas tolerantes aos herbicidas foram a primeira grande caraterística transgénica a ser produzida e comercializada. Com base na expressão de um gene insensível ao herbicida, na degradação do herbicida ou na sobreexpressão do produto do gene alvo do herbicida, existe atualmente resistência a uma série de herbicidas, por exemplo, as plantas transgénicas de petúnia resistentes ao glifosato do herbicida Roundup foram desenvolvidas através da transferência de um gene para a EPSPS (5-enol-piruvil-xiquimato-3 fosfato sintase) que produz em excesso esta enzima. Foram utilizadas com êxito plantas transgénicas de tomate e de milho que utilizam o gene de desintoxicação do herbicida GST (glutationa S transferase).

iii.) **Transferência de genes para melhorar a qualidade dos produtos alimentares**: Foram desenvolvidos tomates resistentes aos hematomas que exprimem ARN anti-sentido contra a poligalatouronase, que ataca a pectina nas paredes celulares dos frutos em amadurecimento, amolecendo assim a pele. Este tomate transgénico foi comercializado sob o nome de Flavr Savr. Também foram desenvolvidos tomates com amadurecimento retardado, utilizando o gene da ACC deaminase para degradar o ACC, que é o precursor imediato do etileno. Este facto aumenta o prazo de validade do tomate. O teor de amido nas batatas pode ser aumentado em 20-40% através da utilização de um gene bacteriano ADP glucose pirofosforilase.

iv.) **Restauração da esterilidade masculina e da fertilidade em plantas transgénicas, necessária para a produção de sementes híbridas.** Para muitas culturas, é difícil produzir sementes híbridas comerciais por meios convencionais. As sementes híbridas são atractivas para as empresas de sementes, uma vez que os agricultores têm de lhes comprar novas sementes todos os anos, uma vez que as variedades híbridas não se reproduzem corretamente. Atualmente, é possível criar a expressão Bt de esterilidade masculina de um gene de ribonuclease *(barnase)* especificamente durante o desenvolvimento da camada tapetal que alimenta os grãos de pólen em desenvolvimento. A regulação do desenvolvimento da ribonuclease pelo promotor específico do tapetum TA29 mata as células tapetais, conduzindo à esterilidade masculina. As plantas macho-estéreis podem ser utilizadas como progenitor feminino para produzir sementes híbridas. A fertilidade pode ser restaurada pela expressão do gene *barstar*, que inativa *a barnase.* Esta tecnologia pode ser utilizada para produzir híbridos de culturas como o milho, a beterraba sacarina ou a canola. Não é possível produzir canola híbrida de forma convencional, mas a canola híbrida pode apresentar um vigor híbrido e aumentar o rendimento.

c) **Agricultura molecular**: Um papel importante da biotecnologia é a utilização de plantas transgénicas como fábricas para o fabrico de especialidades químicas e farmacêuticas, tais como plantas de tabaco transgénicas portadoras do gene da manitol desidrogenase de *E. coli*, que são utilizadas para aumentar a produção de manitol. Do mesmo modo, a produção de polihidroxibutirato (PHB) em plantas constitui uma fonte atractiva de plásticos biodegradáveis a baixo custo. Dois genes que catalisam duas etapas da produção de PHB, a acetoacetil CoA redutase *(phb B)* e a polihidroxibutirato sintase *(phb C)*, foram transformados e expressos com êxito em Arabidopsis thaliana. Estão em curso esforços para criar plantas transgénicas como fonte de vacinas comestíveis, anticorpos e produtos farmacêuticos.

d) Estudar a expressão genética regulada: As plantas transgénicas provaram ser ferramentas particularmente úteis em estudos sobre biologia molecular de plantas, regulação de genes e identificação de sequências reguladoras envolvidas na expressão diferencial da atividade genética. O T-DNA e os elementos transponíveis são utilizados como marcadores moleculares para produzir mutações ao serem inseridos nos genes, tornando-os assim não funcionais. Utilizando esta abordagem, foram clonadas sequências reguladoras de muitos genes estruturais, como genes induzidos pela luz, como a ribulose bifosfato carboxilase *(rbcS),* a proteína de ligação à clorofila a/b (*Cab*), genes de proteínas de choque térmico, etc. Os genes das proteínas de armazenamento de sementes constituem um excelente exemplo de expressão específica de células e tecidos. Embora a biotecnologia, por si só, não seja capaz de gerar uma produção alimentar sustentável, a "revolução genética" terá um papel imenso no melhoramento das culturas e na agricultura.

Respostas às perguntas mais frequentes: (Lemaux, 2008 e 2009).

A. Segurança alimentar:

1. A segurança dos alimentos geneticamente modificados é avaliada?

Antes de serem aprovados para utilização, os alimentos e produtos produzidos a partir de culturas geneticamente modificadas foram submetidos a testes de segurança pelas empresas ou instituições que os desenvolveram. Os dados foram analisados por agências reguladoras governamentais e revisores científicos com base em protocolos aceites internacionalmente. Frequentemente, os alimentos geneticamente modificados são também testados por grupos externos e os resultados são publicados em revistas especializadas. O processo é comparável às avaliações de segurança de medicamentos e biomarcadores; as empresas farmacêuticas fornecem dados de segurança que são posteriormente revistos pelos cientistas da Food and Drug Administration (FDA) dos EUA. Até à data, todos os produtos da GE no mercado foram submetidos a análises completas por parte das agências reguladoras relativamente à segurança e ao conteúdo em relação às formas não modificadas. A apresentação dos dados de segurança é do interesse do criador, dadas as responsabilidades legais incorridas caso surja um problema com o alimento após a sua introdução no mercado.

2. O que acontece ao ADN quando é ingerido?

O ADN é quimicamente idêntico, independentemente da sua origem, e é degradado principalmente durante o processamento industrial e no trato digestivo. Podem ser detectados pequenos fragmentos em certos tecidos do corpo, como os leucócitos, o fígado e o baço. A ingestão humana diária de ADN nos alimentos é estimada em 0,1-1g. As estimativas da ingestão diária total de ADN transgénico podem ser calculadas partindo do princípio de que 50% da dieta é constituída por alimentos geneticamente modificados e que os transgénios representam cerca de 0,0005% do ADN total dos alimentos, ou seja, 0,5-5ug/dia. Em julho de 2007, a Autoridade Europeia para a Segurança dos Alimentos publicou declarações sobre o destino dos genes e das proteínas nos alimentos para consumo humano e animal: "Após a ingestão, observa-se uma rápida degradação em fragmentos curtos de ADN ou de péptidos no trato gastrointestinal dos animais e dos seres humanos" e "Até à data, um grande número de estudos experimentais com animais de criação demonstrou que não foram detectados fragmentos de ADN recombinante ou proteínas derivadas de plantas geneticamente modificadas nos tecidos, fluidos ou produtos comestíveis de animais de criação"

3. Há alterações no conteúdo nutricional dos alimentos geneticamente modificados?

Os alimentos GM são testados em comparação com os convencionais em termos de composição nutricional:

níveis de proteínas, hidratos de carbono, gorduras, vitaminas, minerais, fibras, humidade e fitoquímicos, e analisados se a composição é substancialmente equivalente. As culturas GM e as culturas convencionais devem ter sido cultivadas em condições comparáveis para eliminar o efeito do ambiente na composição nutricional.

Existem também culturas geneticamente modificadas que são desenvolvidas para alterar os perfis nutricionais dos alimentos, tais como os que apresentam uma maior disponibilidade de B-caroteno, flavonóides, cálcio, folato e ferro. De acordo com a política da FDA dos EUA, os alimentos geneticamente modificados com caraterísticas nutricionais alteradas devem ser rotulados para indicar as diferenças nutricionais; um exemplo é o VistiveTM, um óleo com baixo teor de linoleico proveniente de sementes de soja geneticamente modificadas que pode ser utilizado em vez de óleos que contêm gorduras trans. Essas culturas devem ser testadas quanto à sua equivalência substancial com compostos não relacionados com a caraterística introduzida.

4. A proteína Bt afecta os seres humanos?

As proteínas Bt são insecticidas naturais produzidos pela bactéria do solo *Bacillus thuringiensis*, utilizada para controlar as pragas das culturas, como as larvas de borboletas e traças, escaravelhos e mosquitos, desde a década de 1920. As proteínas Bt cristalinas, inactivas e insecticidas, formam corpos no interior da bactéria e tornam-se activas quando são ingeridas pela larva do inseto-alvo e clivadas. Os péptidos activos ligam-se a receptores especializados no intestino médio do inseto, criando buracos na membrana intestinal que provocam a fuga do conteúdo e matam as larvas. A precisão das diferentes proteínas Bt em relação aos seus alvos reside na especificidade da sua ligação estreita aos receptores associados no intestino do inseto. Nos últimos anos, foram realizados vários estudos de segurança especificamente sobre as proteínas Bt nativas para demonstrar que não possuem caraterísticas de alergénios ou toxinas alimentares. Os dados sobre a CryIAb no milho e no algodão e a Cry1Ac no tomate, no milho e no algodão foram cuidadosamente analisados pelas agências reguladoras de vários países, incluindo os EUA, o Canadá, o Japão, o Reino Unido, a UE, a Rússia e a África do Sul. As micotoxinas são substâncias químicas tóxicas e cancerígenas produzidas por fungos que entram nos orifícios produzidos pela larva do milho. A redução da incidência de micotoxinas no milho Bt tem um impacto positivo na melhoria do rendimento do milho e na saúde humana e animal.

5. Os alimentos geneticamente modificados causam alergias alimentares?

Nenhum alimento é 100% seguro, seja ele convencional, geneticamente modificado ou orgânico. As alergias estão presentes nos "oito grandes", que são compostos por leite, ovos, peixe, marisco, nozes, soja, trigo e amendoins. Uma vez que os testes de segurança alimentar realizados aos alimentos geneticamente modificados se centram no gene introduzido e no seu produto proteico, parece improvável que os problemas de alergenicidade relacionados com um alimento geneticamente modificado comercializado que tenha sido submetido a um controlo rigoroso por parte do governo em matéria de saúde sejam maiores do que os dos alimentos convencionais, criados por reprodução e mutação clássicas que não foram submetidas a esse controlo.

6. As sequências genéticas virais inseridas nas culturas geneticamente modificadas podem criar um risco para o ser humano?

Uma das preocupações importantes é a utilização de promotores derivados de vírus, que são sequências introduzidas nas plantas transgénicas que regulam a quantidade, o local e o momento em que a proteína codificada é expressa. Isto inclui o vírus do mosaico da couve-flor 35S que foi utilizado em algumas culturas transgénicas comerciais, por exemplo, Bt 11, Bt 176, milho Mon 810 e soja Roundup Ready. Especulações de que o "promotor 35S poderia afetar o revestimento do estômago e do cólon e causar um efeito de fator de crescimento com a possibilidade, não comprovada, de acelerar a formação de cancro nesses órgãos" foram apresentadas anteriormente sem qualquer experimentação científica. Estas especulações foram amplamente refutadas pela comunidade científica porque o promotor 35S pode ser encontrado em todo o lado na natureza. Por exemplo, estima-se que 14-25% da colza no campo esteja infetada com o CaMV *(vírus do mosaico da couve-flor)*, números semelhantes foram estimados para a couve-flor e o repolho. Devido à sua prevalência nos alimentos, os seres humanos têm consumido o CaMV e os seus promotores em níveis elevados durante décadas, sem efeitos observáveis. A presença do promotor do CaMV em plantas GM não apresenta, em princípio, uma situação diferente. Além disso, o ADN presente nos alimentos é rapidamente decomposto durante a digestão, dando-lhe pouco tempo para interagir com os revestimentos do estômago e do cólon.

7. Os genes de resistência aos antibióticos presentes nos alimentos geneticamente modificados podem aumentar a resistência aos antibióticos na flora intestinal humana e animal?

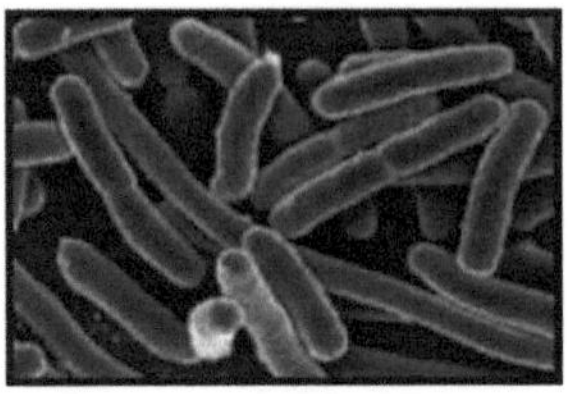

Para desenvolver resistência aos antibióticos em microrganismos presentes no trato digestivo humano e animal, deve haver uma transferência funcional do gene de resistência aos antibióticos, dos seus elementos de controlo e da sua integração no cromossoma bacteriano. Isto é praticamente impossível, uma vez que durante a mastigação, as células dos alimentos são quebradas. Nos alimentos crus, à medida que as células são destruídas, o ADN é libertado e enzimas altamente activas na saliva e na planta começam a degradar o ADN. Este processo continua no trato digestivo, onde outras enzimas decompõem ainda mais o ADN e as proteínas. Nos seres humanos, os alimentos permanecem no estômago durante aproximadamente 2 horas, onde o ADN restante é fragmentado em pequenos pedaços. Foi demonstrado que o gene de resistência aos antibióticos do milho transgénico não se transfere para as bactérias intestinais dos frangos alimentados com milho transgénico. Para evitar a utilização dos controversos genes de resistência aos antibióticos ou de tolerância aos herbicidas como marcadores de seleção, foram desenvolvidas novas estratégias de seleção para identificar as plantas geneticamente modificadas. Estas incluem genes como os da fosfomanose e da xilose isomerase, que facilitam a seleção ao darem às células transgénicas uma vantagem metabólica sobre as células não transgénicas, bem como outros meios para extirpar os genes marcadores no produto comercial.

8. A engenharia genética pode ser utilizada para fabricar produtos farmacêuticos? As culturas geneticamente modificadas podem contaminar o abastecimento alimentar?

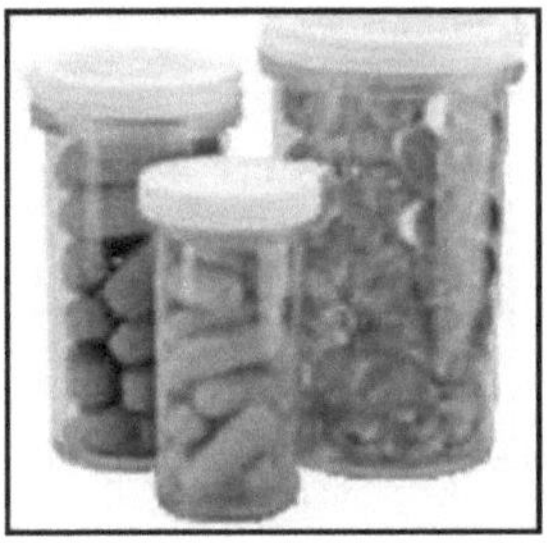

Desde o início da década de 1990, foram desenvolvidos produtos farmacêuticos e vacinas derivados de plantas para doenças comuns como a hepatite B, a peste pneumónica e a peste bubónica, bem como para as pessoas que sofrem de alergias, asma, alergias sazonais e dermatite atópica. As vacinas vegetais têm a vantagem de serem prontamente consumidas com pouco ou nenhum processamento, sem necessidade de armazenamento a frio. No entanto, estas culturas geneticamente modificadas podem entrar no abastecimento alimentar se não forem corretamente manuseadas e controladas. Nos EUA, onde essas culturas farmacêuticas são cultivadas, existem regulamentos governamentais. O APHIS, que regula o movimento e os ensaios de campo de plantas geneticamente modificadas, exige medidas especiais para evitar que as plantas que produzem medicamentos ou enzimas industriais contaminem as culturas alimentares:

1. Rotulagem, embalagem e separação de materiais vegetais regulamentados.

2. Isolamento reprodutivo para evitar que o pólen geneticamente modificado fertilize as plantas convencionais; **3.** Monitorização pós-colheita para remover plantas voluntárias.

4. Eliminação adequada dos materiais transgénicos.

Este regulamento foi ainda reforçado em 2005, passando a incluir o seguinte:

1. Excluir o crescimento do campo sem uma autorização.

2. Incluir inspecções às culturas sete vezes por ano, duas vezes após a colheita.

3. Aumentar as distâncias de isolamento dos campos; e

4. Utilizar equipamento agrícola específico.

Resumo dos pontos:

1. Os alimentos consumidos atualmente são derivados de plantas e animais cuja composição genética foi modificada por cruzamentos sexuais e mutações. O ADN recombinante fornece uma nova ferramenta para efetuar modificações genéticas, sendo esta tecnologia designada por engenharia genética ou biotecnologia.

2. Tecnicamente, os investigadores são agora capazes de transferir genes utilizando métodos de ADN recombinante, não só dentro de uma espécie, mas também de um reino para outro, o que pode levar a alterações significativas em vários atributos das culturas agrícolas.

3. A segurança das culturas e alimentos geneticamente modificados, tal como os criados por reprodução e mutação clássicas e cultivados de forma convencional ou biológica, tem de ser avaliada caso a caso, de modo a que possam ser tomadas decisões informadas sobre a sua utilidade, segurança e adequação.

4. Os dados e a informação científica, analisados pelos pares, sobre a segurança destes produtos devem fazer parte da informação considerada aquando do cultivo e consumo de alimentos provenientes destas culturas.

5. Durante o processo de decisão, devem também ser considerados outros factores para além dos factos técnicos e científicos.

6. Embora os ensaios científicos e a regulamentação governamental possam reduzir os riscos de segurança das culturas e dos alimentos produzidos de forma convencional e biológica e geneticamente modificados, não é possível alcançar uma segurança a 100%.

7. Até à data, nenhuma demonstração cientificamente válida demonstrou que os problemas de segurança alimentar dos alimentos que contêm ingredientes geneticamente modificados (GE) são maiores do que os dos alimentos produzidos de forma convencional ou biológica.

8. Nos campos comerciais, apenas algumas culturas foram modificadas utilizando tecnologias de rDNA

(canola, milho, algodão, papaia, abóbora e soja), mas muitas outras estão a ser desenvolvidas

B. Questões ambientais:

A resistência dos insectos aos insecticidas sintéticos e às toxinas Bt presentes nas pulverizações ocorre e o mesmo acontecerá com as culturas geneticamente modificadas. Para travar este desenvolvimento nas culturas geneticamente modificadas, foram desenvolvidas várias estratégias. A primeira geração de culturas GM produziu apenas uma toxina Bt em cada planta. A plantação de refúgios de culturas não Bt perto de culturas Bt no campo é a principal estratégia para atrasar a resistência dos insectos. Esta estratégia baseia-se na ideia de que os insectos que se alimentam de plantas no refúgio não são selecionados para a resistência. A resistência dos insectos às toxinas Bt é recessiva. Os descendentes heterozigóticos produzidos quando os insectos homozigóticos resistentes acasalam com insectos susceptíveis são mortos pelas culturas Bt. Esta estratégia de dose elevada/refúgio cria plantas que produzem concentrações de toxina Bt suficientemente elevadas para matar os insectos heterozigóticos, tornando a resistência funcionalmente recessiva. A resistência dos insectos às toxinas Bt pode assim ser substancialmente adiada. Outra abordagem é a chamada estratégia piramidal ou de empilhamento, que combina duas ou mais toxinas numa única planta, cada uma com diferentes modos de ação. Um exemplo é o algodão Bollgard II, que produz CrylAc e Cry2b, que visa a mesma praga de duas formas diferentes. Outras abordagens para atrasar o desenvolvimento dos insectos são:

1. A mistura de sementes de variedades Bt e não Bt está a ser objeto de experiências em pequena escala

2. A utilização de um promotor induzível para conduzir a expressão do gene Bt apenas durante o ataque de insectos.

3. Utilização de toxinas modificadas para matar insectos resistentes, como exemplificado pela utilização da toxina Bt modificada que não será afetada pelas mutações nas caderinas do intestino médio. As caderinas promovem a oligomerização da toxina da proteína Cry1A, que tem uma alfa-hélice no local de ligação. O Cry1A modificado, que não contém a alfa-hélice, é independente das caderinas, pelo que pode ser eficaz contra insectos que tenham desenvolvido resistência devido a caderinas mutadas ou silenciadas. Até à data, o tempo decorrido antes de serem comunicados os primeiros casos de resistência dos insectos às culturas Bt no terreno foi superior ao previsto nos piores cenários, o que sugere que as estratégias de gestão podem ter atrasado o desenvolvimento da resistência. Apesar dos casos de resistência documentados, as culturas Bt continuam a ser úteis contra a maioria dos parasitas-alvo na maior parte das regiões. medida que aumenta a resistência dos insectos às toxinas Cry atualmente utilizadas nas culturas Bt, estão a ser desenvolvidas outras estratégias para

criar culturas GM resistentes aos insectos.

2. As culturas geneticamente modificadas podem causar efeitos adversos em organismos não visados? Tem

Existem efeitos adversos em organismos não visados causados por culturas GM?

Foram estudados os efeitos das culturas GM em organismos não visados, com destaque para:

a. Borboletas monarca e caudas de andorinha preta. A Agência de Proteção do Ambiente dos EUA concluiu, com base em dois estudos, que o milho Bt não foi um fator significativo na morte de larvas de monarca nos campos, especialmente em relação a factores como a utilização generalizada de pesticidas e a destruição dos hábitos invernais das borboletas.

b. Microrganismos do solo não visados. Estudos sobre quatro variedades de milho com duas proteínas Bt diferentes (Cry1Ab e Cry3Bb1) versus variedades não Bt quase isogénicas revelam que, embora o número e os tipos de micróbios e as actividades enzimáticas difiram de estação para estação entre as variedades, não foram observadas diferenças estatisticamente significativas no número de micróbios diferentes, nas actividades enzimáticas ou no pH. Foram encontrados resultados semelhantes comparando o algodão Bt e o algodão não Bt, e não foi detectada nenhuma proteína Cry2Ab na rizosfera no campo cultivado com algodão Bt.

c. Artrópodes não visados. Os estudos sobre artrópodes que vivem na folhagem do milho Bt que exprime Cry3Bb1, comparados com os do milho convencional tratado com inseticida, mostram que não há impactos adversos na abundância de quaisquer artrópodes não visados. No entanto, os artrópodes tratados com inseticida reduziram o número de insectos não visados: joaninhas, crisopídeos e insectos donzela.

d. Micróbios e insectos aquáticos não visados. Os sedimentos de água e as águas superficiais após a marcação do ADN genómico do milho Bt geneticamente modificado revelaram que os sedimentos tinham mais ADN do que as águas superficiais. Além disso, a proteína Cry1Ab não foi detetável em ambas as amostras.

3. A utilização de culturas geneticamente modificadas pode resultar no declínio da população de outros organismos?

O declínio das populações de outros organismos tem sido um fenómeno contínuo desde que o homem aprendeu a domesticar os animais. A introdução de tecnologias agrícolas modernas, incluindo novas variedades, a concorrência entre as variedades locais e as introduzidas levou à deslocação das variedades locais e a deslocação das variedades locais provocou a erosão da variabilidade genética das populações regionais de culturas. O cultivo extensivo de plantas no início dos anos 60, para alimentar o enorme aumento da população, produziu variedades de alto rendimento das principais culturas alimentares, o que resultou em aumentos de rendimento, mas também numa deslocação significativa das variedades tradicionais e numa perda concomitante de diversidade genética, em especial de variedades autóctones de cereais e leguminosas. O reconhecimento deste facto levou à criação de bancos de genes em todo o mundo, centrados em culturas específicas. Uma questão que se coloca em relação à diversidade é o fluxo de genes das culturas geneticamente modificadas para parentes selvagens e infestantes, o que pode conferir vantagens selectivas aos receptores em determinados ambientes. O fluxo de genes pode também ocorrer naturalmente em culturas convencionais e comercializadas. Esta questão é abordada através da adoção das medidas necessárias para cultivar culturas GM perto dos centros de origem, dependendo da natureza da caraterística e da frequência da sua introdução num ecossistema. Atualmente, os estudos sobre a avaliação do impacto da passagem de transgenes para parentes selvagens e o potencial de alteração da dinâmica dos ecossistemas são solicitados nas declarações de impacto ambiental antes da libertação de qualquer planta geneticamente modificada. Estes estudos fornecem informações sobre os possíveis resultados no ambiente. Certas avaliações de impacto de algumas culturas GM são também monitorizadas mesmo após a desregulamentação.

4. As culturas tolerantes aos herbicidas (HT) podem dar origem a super-ervas daninhas?

O desenvolvimento de ervas daninhas tolerantes aos herbicidas tem-se verificado tanto nas culturas tradicionais como nas culturas geneticamente modificadas. Este fenómeno reduz a eficácia de certas estratégias de controlo das ervas daninhas e diminui as opções de gestão das mesmas. Foram desenvolvidas estratégias para minimizar o desenvolvimento de ervas daninhas tolerantes aos herbicidas, tais como

a. Utilização de cultivares HT com genes de resistência a herbicidas com modos de ação alternativos que podem ser utilizados na rotação.

b. Utilização de tecnologias de restrição para impedir a passagem de genes para a geração seguinte através do pólen, ou seja, os transgenes podem ser direcionados para os organelos citoplasmáticos e não para o pólen.

c. Rotacionar a utilização de culturas HT com diferentes modos de ação ou com culturas não HT. Alguns pontos a considerar na utilização de culturas HT são: As infestantes podem também escapar ao tratamento herbicida com base na taxa de aplicação, na idade e no tamanho das infestantes, no volume de pulverização, nos adjuvantes utilizados, na qualidade da água e nas interações com outros herbicidas que afectam a eficácia. A germinação tardia das ervas daninhas também pode escapar à aplicação de herbicidas, pelo que pode ser efectuada uma segunda passagem de pulverizações.

5. Qual é o efeito da utilização de culturas geneticamente modificadas na utilização de pesticidas?

Ter culturas tolerantes aos herbicidas e ao ataque de pragas aumenta as opções de gestão das pragas e pode também reduzir o número e a intensidade das aplicações de pesticidas.

O crescimento das culturas geneticamente modificadas HT também permite a aplicação tópica de herbicidas nas culturas e nas ervas daninhas, o que substitui a pulverização entre fileiras de culturas e a remoção mecânica das ervas daninhas, que podem danificar as culturas e provocar danos ambientais. A redução da lavoura mecânica diminui o consumo de combustível e ajuda a conservar os solos propensos à erosão e à compactação. As culturas HT podem também conduzir a regimes de tratamento com herbicidas mais flexíveis. O Centro Nacional de Política Alimentar e Agrícola publicou inquéritos sobre a utilização de pesticidas em culturas geneticamente modificadas nos EUA. Em 2004, a canola, o algodão, o milho e a soja geneticamente modificados, bem como o algodão e o milho Bt, apresentaram reduções de 25 a 30% no ingrediente ativo (IA) dos herbicidas. Numa publicação de 2006, o Serviço Nacional de Estatística do USDA concluiu que, de 1996 a 2002, as taxas de utilização de IA para o algodão e o milho HT e para o milho Bt diminuíram à medida que a adoção do algodão, do milho e da soja Bt e HT aumentava e que, simultaneamente, se verificavam mudanças para herbicidas menos persistentes do ponto de vista ambiental, como a pendimetalina, a trifluralina e o metolacloro. A avaliação do Quociente de Impacto Ambiental (QIA), que tem em conta o IA dos pesticidas e o impacto ambiental das culturas geneticamente modificadas, resultou em reduções significativas do IA global da agricultura de produção, de tal modo que, desde 1996, o IA global associado aos pesticidas

O cultivo de culturas geneticamente modificadas de produtos hortícolas também teve outros efeitos positivos no ambiente, ou seja, o aumento das práticas de plantio direto ou reduzido e a utilização em combinação com regimes de gestão integrada das pragas, que foram possíveis porque as pulverizações de pesticidas no início da estação puderam ser eliminadas, permitindo o estabelecimento de insectos benéficos. A maioria dos relatórios indica uma diminuição da utilização de pesticidas e dos custos após a adoção de variedades Bt. Na Argentina, o número de aplicações de herbicidas aumentou com a soja HT, mas a utilização passou a ser feita com herbicidas mais respeitadores do ambiente. A redução da utilização de pesticidas também pode ser conseguida através da utilização dos melhores métodos e instrumentos disponíveis, incluindo a gestão integrada das pragas, o biocontrolo, os métodos de produção biológica e os organismos geneticamente modificados, a fim de reduzir a IE e, ao mesmo tempo, atingir níveis de produção adequados.

6. A introdução de plantas geneticamente modificadas resistentes a vírus poderia dar origem a novos vírus

O desenvolvimento de culturas geneticamente modificadas resistentes a doenças virais foi efectuado em abóboras e papaias, utilizando um gene da proteína de revestimento viral. O APHIS do USDA já desregulamentou a abóbora geneticamente modificada, permitindo a sua produção comercial, depois de se ter demonstrado que o vírus não infectava as variedades selvagens de abóbora; o gene de resistência não conferia qualquer vantagem às variedades selvagens de abóbora e a presença do gene da proteína de revestimento não aumentava a competitividade viral. No caso da papaia geneticamente modificada com a proteína de revestimento viral, as preocupações com a recombinação viral tornaram-se uma preocupação, uma vez que, a partir de análises de vírus, poderia ocorrer recombinação homóloga e não homóloga entre vírus e entre genomas virais e genes de plantas. Os resultados experimentais indicam, no entanto, que a maioria dos vírus recombinantes não são totalmente virulentos porque as novas combinações de genes não são totalmente compatíveis, deixando os novos híbridos numa situação de desvantagem competitiva. Para competir eficazmente, os vírus recombinantes devem ter capacidade recombinatória funcional, capacidade de estabelecer infeção sistémica e capacidade de competir com os seus progenitores durante a replicação. Estes requisitos exercem uma forte pressão de seleção negativa sobre os vírus recentemente desenvolvidos. A redução da capacidade de replicação viral pode também afetar negativamente a frequência de recombinação nas plantas transgénicas. São necessárias libertações em grande escala de plantas com genes virais para obter avaliações realistas dos tipos e frequências de recombinação que podem ocorrer. Atualmente, não foram comunicados novos vírus resultantes de plantas geneticamente modificadas no terreno, mas é provável que só sejam detectados se o seu aparecimento tiver efeitos adversos. Atualmente, as únicas plantas propagadas comercialmente com genes de proteínas de revestimento viral, a abóbora e a papaia geneticamente modificadas são cultivadas em pequenas áreas. Para minimizar a possibilidade de troca de genes entre os vírus, são utilizadas estratégias como a resistência viral mediada por RNAi. Não é introduzida qualquer proteína e a construção RNAi é utilizada para silenciar um gene do vírus do mosaico dourado do feijão em *Phaseolus vulgaris*, dando origem a plantas resistentes ao vírus.

7. Podem os genes das plantas geneticamente modificadas passar para as bactérias no terreno?

A transferência horizontal de genes é o processo de transferência de genes entre organismos não relacionados sexualmente, como das plantas para as bactérias. Análises de sequências de genes e proteínas mostram que alguns genes foram transferidos de plantas para bactérias durante um período de tempo evolutivo muito longo.

Esta transferência só pode ser simulada em laboratório, utilizando condições optimizadas - situações que são difíceis de reproduzir em ambientes naturais. Se, no entanto, acontecesse no campo, seria em frequências muito baixas e o gene teria de proporcionar uma vantagem selectiva para sobreviver. Uma experiência para determinar a persistência de bactérias resistentes à canamicina no solo através do aumento dos níveis de canamicina no solo conclui que as condições naturais do solo raramente teriam a pressão selectiva necessária para manter *o nptll* na bactéria. Os dados deste e de outros estudos indicam que a recombinação homóloga e a integração de genes de plantas em bactérias competentes do solo podem ocorrer, mas em frequências muito baixas, e o significado ambiental dependeria da pressão selectiva para a caraterística.

8. O que acontece quando o pólen passa de culturas geneticamente modificadas para parentes selvagens ou variedades não geneticamente modificadas? Em zonas de diversidade genética?

O fluxo genético ou o movimento do pólen de uma planta para outra é possível quando as plantas parentais (a) florescem ao mesmo tempo; (b) estão suficientemente próximas para permitir que um vetor (inseto, vento ou animal) transfira o pólen para fêmeas receptivas; e (c) produzem pólen que pode resultar no desenvolvimento de embriões em sementes viáveis e na sua germinação. O sucesso da polinização depende também da longevidade da viabilidade do pólen, da distância percorrida pelo pólen e do modo de polinização da planta, se autopolinização ou polinização cruzada. O fluxo genético pode apresentar riscos económicos ou ambientais significativos, quer para as culturas convencionais quer para as culturas GM, numa avaliação caso a caso. O fluxo de genes entre culturas e parentes selvagens pode resultar se as plantas crescerem em regiões sobrepostas, dando origem a novas combinações de genes que podem melhorar, prejudicar ou não ter qualquer efeito na aptidão das plantas receptoras. Os genes podem também passar de parentes selvagens para culturas cultivadas, introduzindo novas caraterísticas nas sementes da geração seguinte, mas só afectam a cultura se esta for replantada. A plantação de variedades GM em zonas de diversidade genética de plantas exige precauções adicionais para reduzir os possíveis impactos da introgressão de caraterísticas GM e as potenciais consequências ambientais significativas. Para minimizar esta ocorrência, deve ser evitada a plantação de culturas GM perto de espécies selvagens ou podem ser utilizadas outras tecnologias para impedir que o(s) gene(s) passe(m) para as variedades selvagens. O fluxo de genes pode também ocorrer quando estão presentes plantas compatíveis na vizinhança. As variedades GM, tal como as plantas convencionais, podem também persistir no ambiente. Os agricultores biológicos devem estar conscientes destas ocorrências para poderem adotar as precauções necessárias de isolamento espacial e temporal.

9. Podem coexistir sistemas de cultivo biológicos, convencionais e geneticamente modificados?

Os sistemas agrícolas sustentáveis devem satisfazer as necessidades básicas da população, preservando simultaneamente os recursos para as gerações futuras. Os Objectivos de Desenvolvimento do Milénio das Nações Unidas visam "Assegurar a sustentabilidade ambiental através da integração de princípios de desenvolvimento sustentável nas políticas e programas de um país para inverter a perda de recursos ambientais". Esta necessidade tem sido amplamente aceite e a forma de a cumprir pode variar. A agricultura convencional conduziu a ganhos impressionantes de entre e 90% de aumentos na produção alimentar nas últimas décadas. Infelizmente, estes ganhos foram acompanhados de impactes ambientais, bem como de um consumo considerável de combustíveis fósseis, de taxas insustentáveis de utilização da água e de perda de solo superficial, e de contributos para a degradação ambiental, a poluição atmosférica, a erosão dos solos, a redução da biodiversidade, a resistência a pragas, a poluição de lagos e ribeiros e a utilização excessiva de águas superficiais e subterrâneas.

A sustentabilidade agrícola pode ser alcançada através de numerosas práticas agrícolas, tais como: gestão integrada de pragas (IPM), controlo biológico, métodos biológicos e utilização de plantas GM, juntamente com métodos agrícolas convencionais selecionados, podem desempenhar papéis importantes em futuras práticas agrícolas sustentáveis. O controlo biológico pode fazer parte de uma estratégia de GIP e nem o controlo biológico nem a GIP excluem especificamente a utilização de organismos geneticamente modificados. A produção biológica baseia-se em práticas, como a gestão cultural e biológica das pragas, que podem incluir a gestão integrada das pragas e o controlo biológico, mas exclui a utilização de produtos químicos sintéticos e de organismos geneticamente modificados. A utilização de organismos geneticamente modificados pode também contribuir para práticas sustentáveis, aumentando e substituindo determinadas práticas convencionais. Por exemplo, podem ser criadas plantas que aumentem a eficiência da utilização da água e dos fertilizantes, que remedeiem os contaminantes do solo, que aumentem as práticas de plantio direto ou de plantio direto para ajudar a reduzir os gases com efeito de estufa e que produzam rendimentos mais elevados sem aumentar a utilização da terra, nomeadamente nos países em desenvolvimento. Para alcançar uma verdadeira sustentabilidade, a agricultura deve utilizar a melhor de todas as práticas.

Resumo dos pontos:

1. A segurança ambiental dos produtos da biotecnologia agrícola, tal como a dos produtos criados por reprodução e mutação clássicas e cultivados de forma convencional ou biológica, deve ser avaliada caso a caso para efetuar avaliações de risco significativas.

2. A informação da literatura revista pelos pares sobre a segurança destes produtos deve ser considerada aquando do cultivo e consumo de alimentos provenientes destas culturas. Factores para além dos factos técnicos e científicos devem também fazer parte do processo de decisão.

3. Embora os ensaios científicos e a regulamentação governamental possam reduzir os riscos de segurança das culturas e alimentos produzidos de forma convencional e biológica e dos alimentos geneticamente modificados, não é possível obter uma segurança a 100%.

4. Devem ser envidados esforços consideráveis para conservar e aumentar os bancos de genes e as colecções mundiais criados para preservar as preciosas variedades autóctones e os parentes selvagens, que constituem a base para futuras abordagens de melhoramento clássico, seleção assistida por marcadores e engenharia genética.

5. Com base na maior parte dos dados provenientes de ensaios de campo e de inquéritos às explorações agrícolas, a utilização de pesticidas pelos adoptantes de culturas GM é inferior à dos utilizadores de variedades convencionais. Mais importante ainda, dados alargados confirmam que o impacto ambiental é substancialmente menor.

6. As generalizações sobre se o fluxo genético causa riscos ambientais ou económicos significativos para as culturas convencionais, biológicas ou GM exigem uma avaliação caso a caso.

7. Existem métodos adequados para a coexistência de diferentes variedades e métodos de produção na agricultura, que estão a ser incentivados em todo o mundo; no entanto, para que esta abordagem seja exequível, é necessário estabelecer normas mínimas, e não tolerância zero, para a presença de organismos geneticamente modificados.

8. Os agricultores de todo o mundo adoptaram as culturas geneticamente modificadas devido aos benefícios económicos obtidos (que foram demonstrados em numerosos estudos), à poupança de tempo e à facilidade das práticas agrícolas. A relutância em adotar está principalmente relacionada com apreensões quanto à rejeição no mercado de exportação.

Referências:

Alberts, B., A. Johnson, J. Lewis, M. Raff, K. Roberts, P. Walter (2008). Molecular biology of the cell, 5th ed., Garland Science, Taylor & Francis Group, NY, pp. 538-539. Garland Science, Taylor & Francis Group, NY, pp 538-539.

Alfonso, A. (2007). Biotecnologia do arroz. Apresentação durante o PhilRice R&D. 13-15 de março de 2007.

Burgess, R.R., A.A. Travers, J.J. Dunn, E.K. Bautz (1969). Fator que estimula a transcrição pela RNA polimerase. Nature 221, 43-46.

Cardle, L., L. Ramsay, D. Milbourne, M. Macaulay, D. Marshall, R. Waugh, (2000). Caracterização computacional e experimental de repetições de sequências simples fisicamente agrupadas em plantas. Genetics 156, 847-854.

Cardoza, V. (2008). Cultura de tecidos: A manipulação do desenvolvimento das plantas. In: Stewart, C.N. (ed). Biotecnologia e genética de plantas: Principles, Techniques, and Applications. Publicado por John Wiley & Sons, Inc., Hoboken, New Jersey. 113-134.

Cohen, S., C. Annie, H. Leslie (1972). "Resistência antibiótica não cromossómica em bactérias: Transformação genética de Escherichia coli por ADN de fator R". Actas da Academia Nacional de Ciências 69 (8), 2110-2114.

Collins, L., B. Hohn (1978). Cosmídeos: um tipo de vetor de clonagem de genes plasmídicos que pode ser empacotado *in vitro* em cabeças de bacteriófagos. Actas da Academia Nacional de Ciências dos EUA. 75, 4242-4246.

Dale, J.W. (1998). Molecular genetics of bacteria. 3rd edn. Chichester. John Wiley. (Apresenta uma descrição pormenorizada dos plasmídeos e bacteriófagos).

Danida, (2002). Assessment of potentials and constraints for development and use of plant biotechnology in relation to plant breeding and crop production in developing countries (Avaliação do potencial e dos condicionalismos do desenvolvimento e da utilização da biotecnologia vegetal em relação ao melhoramento vegetal e à produção vegetal nos países em desenvolvimento). Documento de trabalho. Ministério dos Negócios Estrangeiros, Dinamarca.

Desamero, N.V. (2007). Melhoramento genético de linhas de reprodução de arroz resistente ao tungro derivadas de cultura *in vitro*. Trabalho apresentado durante a 19ath Federação das Sociedades de Ciências Agrárias das Filipinas, Academia de Desenvolvimento das Filipinas, Tagaytay City. 13-15 de junho de 2007.

Devos, K. M., M. D. Gale (1992). A utilização de marcadores de ADN polimórfico amplificado aleatório no trigo. Theor. Appl. Genet. 84, 567-572.

DeVries, J., G. Toenniessen (2001). Assegurando a colheita: Biotechnology, breeding and seed systems for African crops. Fundação Rockefeller, Nova Iorque. EUA.

Eckart, N.A. (2006). Cytoplasmic male sterility and fertility restoration (Esterilidade masculina citoplasmática e restauração da fertilidade), The Plant Cell 18, 515517.

Finer, J.J., K.R. Finer, T. Ponappa (1999). Transformação mediada por bombardeamento de partículas. In: Hammond J, Mc Garvey PB, Yusibov V (eds). Plant Biotechnology: New Products and Applications, Springer-Verlag, Heidelberg, pp 59-80.

Fonshtein, M., E.M. Khurges, N.K. Zankovskii, Debasov V.G. (1986). Genetika 22(8), 2035-41.

Freeze, H.H. (1993). "Preparação e análise de glicoconjugados". Protocolos actuais em biologia molecular. Capítulo 17, 17.7.1-17.7.8.

Fromm, M.E., L.P. Taylor, V. Walbot (1985). Expressão de genes transferidos para células de plantas monocotiledóneas e dicotiledóneas por electroporação. Proc. Natl. Acad. Sci. USA 82, 5824-5828.

Gelvin, S.B. (2003). Transformação de plantas *mediada por Agrobacterium*: A biologia por detrás da ferramenta "Gene-Jockeying". Microbiology and Molecular Biology Reviews 67(1), 16-37.

George, E.F., M.A. Hall, G.J. De Klerk (2007). Progapagação de plantas por cultura de tecidos 3ª Edição. Volume 1. Antecedentes. Springer.

Goto, F., R. Yoshihara, N. Shigemoto, S. Toki, F. Takaiwa (1999). Fortificação de sementes de arroz com ferro através do gene da ferritina da soja. Nature Biotechnology 17, 282-286.

Hooykaas, P.H., R.A. Schilperoort (1992). *Agrobacterium* e engenharia genética de plantas. Plant Mol. Bioi. 19, 15-38.

Ji X., H. Zhang, Y. Zhang, Y. Wang, C. Gao (2016). Estabelecimento de um sistema imunológico semelhante ao CRISPR-Cas que confere resistência ao vírus do DNA em plantas. Natureza Plantas 1-4.

Kado, C.I. (1991). Mecanismos moleculares da tumorigénese da galha da coroa. Crit. Rev. Plant Sci. 10, 1-32.

Kahl, G. (2001). O dicionário da tecnologia genética. Wiley-VCH, Weinheim.

Kass, J. (2005). Comercialização de animais transgénicos: Potenciais riscos ecológicos. Bio. Sci. 58, 46-58.

Kevil, C.G., L. Walsh, F.S. Laroux, T. Kalogeris, M.B. Grisham, J.S. Alexander (1997). An Improved, Rapid Northern Protocol. Biochem. and Biophys. Research Comm. 238, 277279.

Koo, J., Y. Kim, J. Kim, M.Yeom, I.C. Lee, H.G. Nam (2007). "Um repórter de fusão GUS/Luciferase para a captura de genes de plantas e para o ensaio da atividade do promotor com controlo dependente da luciferina da estabilidade da proteína repórter". Fisiologia vegetal e celular 48 (8), 1121-1131.

Kumar, A., S. Sopory (2007). Avanços recentes na biotecnologia vegetal. IK International New Delhi.

Kunz, K. (2002). Sementes Leste-Oeste 1982-2002, Vegetable Breeding for Market Development. Bangkok, Tailândia. outubro de 2002.

Lederberg, J. (1994). A transformação da genética pelo ADN: An anniversary celebration of Avery, Macleod and Mccarty (1944) in Anecdotal, Historical and Critical Commentaries on Genetics. The Rockfeller University, Nova Iorque, Nova Iorque 10021-6399.

Lemaux, Peggy G. (2008). Plantas e alimentos geneticamente modificados: A Scientist's analysis of the Issues (Parte 1). Revisão Anual de Biologia Vegetal 59, 771-812.

Lemaux, Peggy G. (2009). Plantas e alimentos geneticamente modificados: A análise de um cientista sobre as questões (Parte 11). Revisão Anual de Biologia Vegetal 60, 511-559.

Lopez B.J., M.O. Vega, A. Guevara-Garcia, L.H. Estrella (2000). Aumento da absorção de fósforo em plantas de tabaco transgénicas que produzem citrato em excesso. Nature Biotechnology 18, 450-453.

Maxam, A., W. Gilbert (1977). Um novo método de sequenciação de ADN. Procedimentos da Academia Nacional de Ciências dos EUA. 74, 560-564.

Mullis, K. (1990). "A origem invulgar da reação em cadeia da polimerase". Scientific American 262 (4), 56-61.

Neumann, K.H. (2006). Alguns estudos sobre embriogénese somática: uma ferramenta na biotecnologia vegetal. In: Kumar e Roy (eds). Plant biotechnology and its applications in tissue culture. I.K. International, Nova Deli. pp 1-14.

Nicholl, D.S.T. (1994). Uma introdução à engenharia genética. Universidade de Cambridge. 163pp.

Odland, W., A. Baumgarten, R. Phillips (2006). Blocos ancestrais de arroz definem múltiplas regiões relacionadas no genoma do milho. The Plant Genome 1, 541-548.

Phillips, R.L. (2006). Ferramentas genéticas da natureza e a natureza das ferramentas genéticas. In: C. Stuber (ed). Simpósio do Aniversário de Ouro da CSSA. Crop Sci. 46, 2245-2252.

Rines, H.W., S.J. Molnar, N.A. Tinker, R.L. Phillips (2006). Oat. In: Kole, C. (ed.). Genome Mapping and Molecular Breeding in Plants: Cereals and Millets Vol. 1. Springer, Inc., NY, EUA. pp. 211-242.

Sanger, F., S. Nicklen, A.R. Coulson (1977). Sequenciamento de DNA com inibidores de terminação de cadeia. Actas da Academia Nacional de Ciências dos EUA. 74, 5463-5467.

Schnable P.S., R.P. Wise (1998). The molecular basis of cytoplasmic male sterility and fertility restoration (A base molecular da esterilidade masculina citoplasmática e da restauração da fertilidade). Trends in Plant Science 3, 175-180.

Shillito, R.D., M.W. Saul, J. Paszkowski, M. Muller, I. Potrykus (1985). Transferência direta de genes de alta eficiência para plantas. Biotecnologia 3, 1099-1103.

Slater, A., N. Scott, M. Fowler (2003). Plant biotechnology: The genetic manipulations of plants, Oxford University Press.

Smisek, D.L., D.A. Hoagland (1989). "Eletroforese em gel de agarose de polielectrólitos sintéticos de elevado peso molecular". Macromolecules 22 (5), 2270.

Southern, E.M. (1975). Deteção de sequências específicas entre fragmentos de ADN separados por eletroforese em gel. J. Mol. Biol. 98, 503-17.

Spilianakis, C.G., D. Lalioti, M.T. Terrence, L. G. Ryol, R.A. Flavell, (2005). "Associações intercromossómicas entre loci expressos alternativamente". Nature **435** (7042), 637-45.

Tabien, R. (2000). Biotecnologia para a agricultura. Apresentação durante o Fórum de Produtores de Arroz de Phil. 17 de julho de 2000.

Tautz, D., M. Rentz (1984). As sequências simples são componentes repetitivos ubíquos dos genomas eucarióticos. Nature 322, 652-656.

Tautz, D. 1989. Hypervariability of simple sequences as a general source for polymorphic DNA markers. Nucleic Acids Res. 17, 6463-6471.

Tempe, J., F. Casse-Delbart (1989). Vectores de genes de plantas e transformação genética: Plasmídeos de Agrobacterium Ri. In: Cell culture and somatic cell genetics of plants, Vol. 6, Academic press, londres, pp. 25-49.

Tzfira, T., V. Citovsky (2006). Transformação genética de plantas *mediada por Agrobacterium*: Biologia e biotecnologia. Curr. Opin. Biotechnol. 17:147-154.

Ubalua, A.O. (2009). Plantas transgénicas: Sucessos e controvérsias. Biotechnology and Molecular Biology Reviews 4 (6), 118-127.

Vain, P., M.D. McMullen, J.J. Finer (1993). O tratamento osmótico melhora a transformação transitória e estável do milho mediada por bombardeamento de partículas. Plant Cell Rep 12, 84-88.

Vasil, I.K., T.A. Thorpe (1994). Plant cell and tissue culture. Kluwer Academic Publishers, Londres.

Vos, P., R. Hogers, M. Bleeker, M. Reijans, T. van de Lee, M. Hornes, A. Frijters, J. Pot, J. Peleman, M. Kuiper, M. Zabeau, (1995). AFLP: uma nova técnica de impressão digital de ADN. Nucleic Acids Res. 23(21): 4407-4414.

Watson, J.D. (2007). ADN recombinante: genes e genomas: um curso breve. São Francisco: W.H. Freeman. ISBN 0-7167-2866-4.

Welsh, J., M. McClelland (1990). Fingerprinting genomes using PCR with arbitrary primers. Nucleic Acids Res. 18: 7213-7218.

Yamashita, T., A. Iida, H. Morikawa (1991). Evidência de que mais de 90% das células que expressam p. glucuronidase após bombardeamento de partículas recebem diretamente o gene estranho no seu núcleo. Plant Physiol 97, 829-831.

Yang, W., A. C. De Olivera, I. Godwin, K Schertz, J. L. Bennetzen (1996). Comparação de tecnologias de marcadores de ADN na caraterização da diversidade do genoma vegetal: variabilidade em sorgo chinês. Crop Sci. 36, 1669-1676.

Ye, X., S. Al-babili, A. Klotl, J. Zhang, P. Lucca, P. Beyer, I. Potrykus (2000). Engenharia da via biossintética da provitamina A (beta-caroteno) no endosperma de arroz (sem carotenóides). Science 287, 303-305.

Zietkiewicz, E., A. Rafalski, D. Labuda (1994). Genome fingerprinting by simple sequence repeat (SSR) - anchored Polymerase Chain Reaction Amplification. Genomics 20, 176-183.

MIX
Papier aus verantwortungsvollen Quellen
Paper from responsible sources
FSC® C105338

Printed by Books on Demand GmbH, Norderstedt / Germany